Quelles sont nos origines lointaines ?

De la naissance de la Terre à Homo Sapiens

Richard Mattout

Quelles sont nos origines lointaines ?

De la naissance de la Terre à Homo sapiens

D'où venons-nous ?
Quelles sont nos origines lointaines ?
Comment notre Terre a évolué pour donner la vie,
les plantes , les poissons, les mammifères, l'homme ?
Etions- nous les seuls humains, sommes-nous tous les mêmes ?

Richard Mattout

Docteur de spécialité en mathématiques appliquées

richardmattout@hotmail.com

Édition : BoD · Books on Demand, 31 avenue Saint-Rémy,
57600 Forbach, bod@bod.fr
Impression : Libri Plureos GmbH, Friedensallee 273,
22763 Hamburg (Allemagne)
ISBN : 978-2-3225-5815-5
Dépôt légal : Janvier 2025

Dédié à mes enfants

Henri-Olivier, Anna et Gabriel :

D'où venons-nous ?

Quelles sont nos origines lointaines ? Comment notre Terre a évolué pour donner la vie, les poissons, les plantes, les mammifères, l'homme ? Étions-nous les seuls humains, sommes-nous tous les mêmes ?

Pour répondre à ces questions, j'ai simplement revisité ma collection des revues de vulgarisation scientifique Pour la Science (PLS) et La Recherche (LR) et j'ai beaucoup emprunté au travail de Y Noah Harari sur « Homo Sapiens ». J'ai alors voulu compiler les savoirs actuels sans entrer dans l'explicitation des méthodes très sophistiquées qui ont permis de les obtenir et en ne prenant en compte, si possible, que les faits et non les simples hypothèses.

Comme pour tout savoir scientifique, évidemment, il s'agit non d'une vérité absolue mais, plutôt, d'une vérité acquise avec les théories et les méthodes expérimentales actuelles.

Pour avoir un aperçu des méthodes de datation requises dans le domaine qui nous intéresse, il faut consulter, par exemple, pour un début :

Techniques de datation *PLS D N42-2004.et LR 883* :

Le C^{14} permet de dater de quelques siècles à 55 000 ans ; le potassium-argon : de 100 000 à 10 M ans, l'uranium-thorium : 100 000 à 500 000 ans ; la dendrochronologie : 10 000 ans ; la thermoluminescence : 200 000 ans ; la résonance PME : 200 000 à 5M ans ; l'archéomagnétisme : 100 000 ans, la stratigraphie, la sériation…

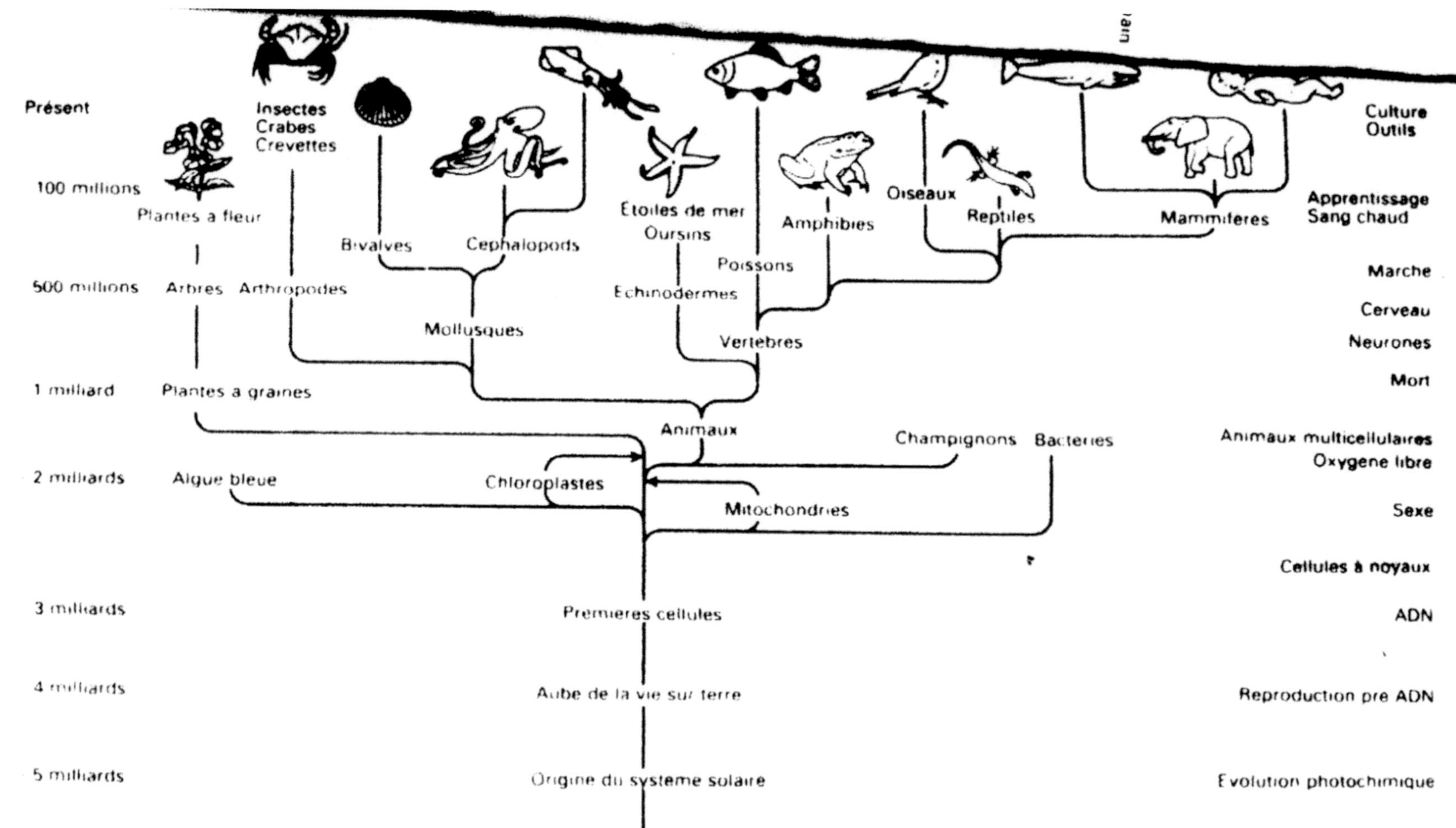

Figure 7.2.   Les chemins évolutifs des lignées animales connues montrant les ancêtres communs de chaque branche. Il existe un parallèle suggestif entre la mobilité de chaque forme vivante et son intelligence. Les humains se distinguent encore plus par la manière très efficace avec laquelle ils mirent en commun l'intelligence de chaque individu pour générer une intelligence collective qui surpasse largement la capacité d'un individu isolé.

La Recherche N 459 2012, N511-2016 ; N529-2017 ; N546-2019

Pour la Science HS 1999, N 264-1999, N294-2002, N471, N473-2017, N487-2018, N503-2019, N534-2021

DANS L'UNIVERS, LA VOIE LACTÉE

Notre ***Univers*** est apparu il y a **14 milliards d'années** (G.a) [1] en une durée extrêmement petite (10^{-43}s) [2] sous la forme d'une très petite sphère (elle avait un diamètre de 10^{-30} m à 10^{-30}s de sa naissance), et remplie d'une extraordinaire quantité d'énergie (10^{72} J et 10^{32} °K).   Puis il a grandi conjointement en temps et en espace *PLS 325* … et il s'est rempli d'étoiles, de galaxies, de matière et énergie noires et … de vide.

---

[1] G : milliard = 10^9 = 1 000 000 000   1 suivi de *9* 0; G.a : milliard d'années
[2] 10^{-6} = 0,000 001   après le zéro l'unité apparait en 6ième position

Parmi les milliards de ***galaxies*** (200 G) que l'univers contient, notre galaxie, ***la Voie Lactée*** (cf LR 546, PLS 255), se présente sous la forme d'un disque immense de 150 000 années-lumière [3] de diamètre, sorte de crêpe cosmique de structure spirale en quatre branches contenant environ 200 milliards d'***étoiles*** dont 1,3 G. ont été déjà cartographiées, contenant des gaz et de la matière noire, formant des **nébuleuses,** et elle a une masse 1 000 G. la masse du Soleil. PLS 503, 546 Le plan galactique a un la forme d'une chips PLS514. Une étoile émet des photons, de la lumière : elle brille.

LR 499

Rappel : la place des éléments chimiques dans la classification de Mendeleïev dépend du nombre de protons dans leur noyau. Or **les noyaux sont créés par des réactions nucléaires au cœur des étoiles** et sont rejetés dans le milieu interstellaire, entre les étoiles de la galaxie. Des atomes et molécules chimiques se créent ainsi ; ils ont des diamètres apparents inférieurs au nanomètre (10^{-9} m). Un électron a un diamètre de 10^{-15}m.

Dans la nébuleuse à l'origine du Soleil l'hydrogène et l'hélium sont les plus abondants sous forme de gaz. 98% de la nébuleuse est gazeuse et des molécules glacées d'H^2, Co^2, N, O^2 (1,7%) occupent les zones éloignées, froides. Les autres éléments (Fe, Mg, Si, S, Ni… moins de 0,3%) réagissent avec l'oxygène pour donner des oxydes. Les matières réfractaires sont des silicates et des métaux sous forme solide. Les poussières de 10 micromètres (10^{-5} m) sont constituées de ces solides et glaces qui contiennent de l'eau amorphe. PLSS 1999

---

[3] 1 année-lumière = distance parcourue à la vitesse de la lumière en une année
= 300 000 km/s * 365j/a*24h/j*3 600 s/h
= environ $970*10^9$ km = 970. G.km

Il est possible que le système solaire soit né d'une collision entre notre galaxie et la galaxie du Sagitaire. *PLS514*

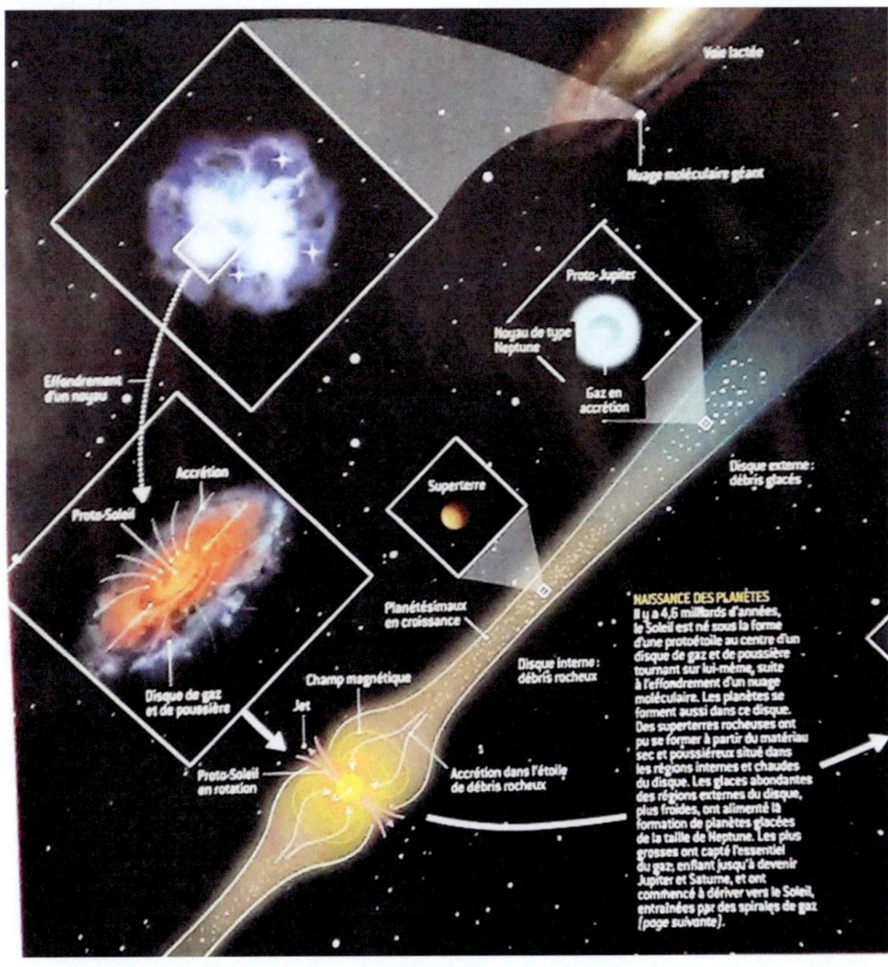

PLS473

Sous l'effet de la gravitation les poussières de cette nébuleuse se rassemblent et forment notre étoile, le **Soleil** il n'y a que **4,56 milliards d'années**, (4,56 G.a), ainsi que son disque et son halo. Le Soleil est à 26 600 années-lumière du centre galactique et tourne autour de ce centre, dans son héliosphère, en 250 millions (M.a)[4] d'années à une vitesse vertigineuse. Sous l'effet de la rotation de l'étoile sur elle-même en 27 jours un disque de matière, gaz et poussières est formé entourant l'étoile qui représente plus de 99% de la masse du système solaire.

 Énorme boule de plasma chaud de 700 000 km de rayon, le Soleil est un astre turbulent. Des bulles de ce plasma mettent 1 à 4 jours pour nous parvenir sur Terre. *LR 560*

Au cœur du Soleil, comme dans toute étoile, ont lieu des réactions nucléaires qui brûlent sa masse (4 M.t d'H_2/s) pour produire dans sa photosphère sa brillance, son éclat et transformer par fusion l'hydrogène en hélium et autres atomes. Le Soleil tire son énergie de la fusion des

---

[4] M : million $= 10^6 = 1\ 000\ 000$;   M.a : million d'années

noyaux d'Hydrogène en Helium soit par action proton-proton (99%), soit par fusion de Carbone, azote, oxygène. Sa masse est composée de 70% d'H, 28% d'He et 2% de métaux). En son cœur, pour ne pas se contacter, gravité et pression s'équilibrent ; la température est de 15 M d° et la densité au cœur de 150 g/cm^3 ; ensuite c'est He qui « brûlera » … puis des éléments plus lourds, et à chaque fois le cœur aura une température plus élevée et la surface sera plus froide ; la durée de vie d'une étoile est d'autant plus longue que sa masse à sa naissance est faible. *PLS 534*

 À la surface du Soleil où la température est supérieure à 5 000 °C des flammes gigantesques se propagent dans l'héliosphère et le vent solaire est un flux éjecté de particules ionisées, électrons et protons, très espacés et entraînés par les photons émis par le Soleil avec des températures de plusieurs **millions** de degrés ! *PLS 508, LR 560* Rappelons que le 26 avril 1920, il y a à peine un siècle, un congrès à Washington débattait sur la place du Soleil au centre ou pas du Cosmos !

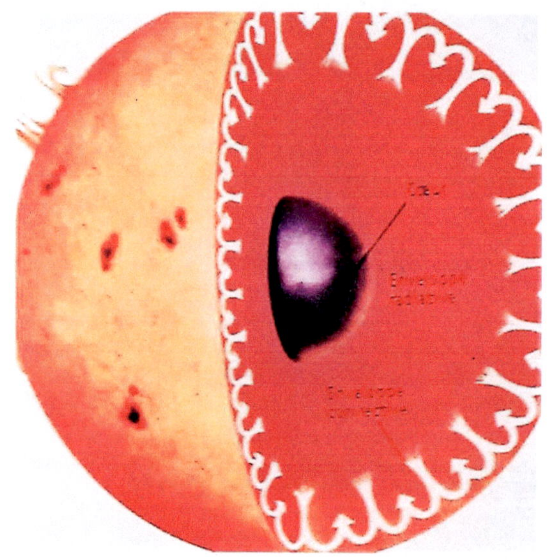

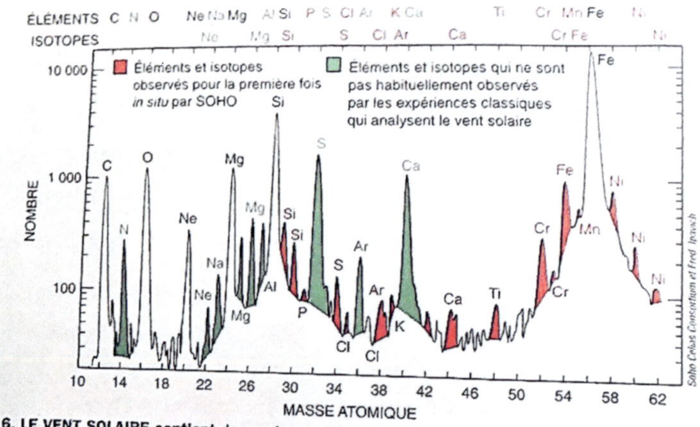

6. LE VENT SOLAIRE contient de nombreux éléments chimiques. Les instruments de SOHO y ont maintenant identifié le soufre, l'argon et le calcium, en plus d'éléments voisins tels que le silicium et le fer. De même, l'azote, le carbone et l'oxygène sont tous facilement identifiés. SOHO détecte également des éléments peu abondants, dont le phosphore, le chlore, le potassium, le titane, le chrome, le manganèse et le nickel.

PLS D 42 2004   *PLS 238*

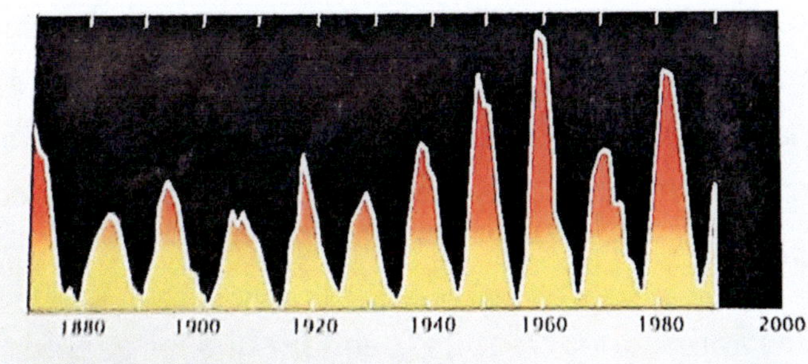

PLS 150

Le *Soleil* est un astre qui brille comme toutes les étoiles de façon non régulière : le cycle des taches solaires est de 11 ans et celui de son activité magnétique de 22 ans avec des variations temporelles et d'intensité mal connues. La forme du champ magnétique solaire est complexe et liée à la complexité des mouvements magmatiques et du plasma solaire de l'héliosphère. *PLS 150, LR 560* Les éruptions solaires font intervenir les champs magnétiques et les plasmas (gaz ioniques très chauds) ; les lignes de champs sont des boucles ancrées sur la surface, les gaz piégés sont de 10 à 100 M de d°, et où les électrons accélérés émettent des rayons X. *PLS 345.*

LA FORMATION DES PLANÈTES

Le disque du système solaire est très large, de l'ordre de 4 u. a. [5] ou plus. Dans la partie du disque proche du Soleil les minéraux oxydes de calcium et d'aluminium se condensent en premier, et, le nuage se refroidissant, des billes de silicates se forment : le disque est là constitué d'astéroïdes pierreux dont les *chondrites* sont les météorites primitives.

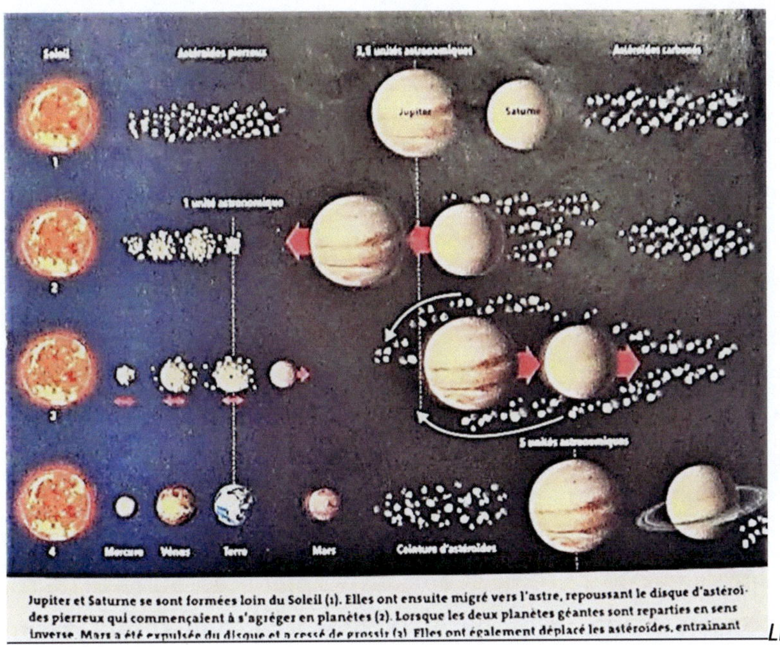

Jupiter et Saturne se sont formées loin du Soleil (1). Elles ont ensuite migré vers l'astre, repoussant le disque d'astéroïdes pierreux qui commençaient à s'agréger en planètes (2). Lorsque les deux planètes géantes sont reparties en sens inverse Mars a été expulsée du disque et a cessé de grossir (3). Elles ont également déplacé les astéroïdes, entraînant *LR N 459*

---

[5] 1 u. a. : 1 unité astronomique = distance moyenne entre Terre et Soleil = 150 000 000 km

Le cœur rocheux de Jupiter s'élabore dans le disque et migre vers l'extérieur dans la partie assez lointaine du disque, là où les températures sont beaucoup plus basses, où des éléments volatils subsistent : là on y trouve, alors formées, les planètes géantes gazeuses Jupiter et Saturne, et les géantes glacées Uranus et Neptune. Encore plus loin le disque est constitué d'astéroïdes carbonés.

Ensuite, quelques **10 millions d'années** après, donc très vite, pendant que les géantes Jupiter, Saturne se rapprochent du Soleil, les billes de silicate se soudent entre-elles en de mini-planètes qui s'entrechoquent et créent les embryons des planètes de quelques milliers de km de diamètre qui deviendront Mercure, Venus, Terre et Mars suivant leur ordre d'éloignement du Soleil.

Puis, il y a environ 4,4 milliards d'années, Jupiter, Saturne sont reparties dans l'autre sens, pendant que les planètes telluriques rocheuses sont achevées, en expulsant Mars du disque pierreux et en déplaçant les astéroïdes vers l'extérieur. Des petits corps glacés créés dans ces voisinages sont rejetés au-delà de Neptune pour former Pluton et la ceinture de Kuiper. Celle-ci est très large : elle s'étend entre 30 et 55 u a.

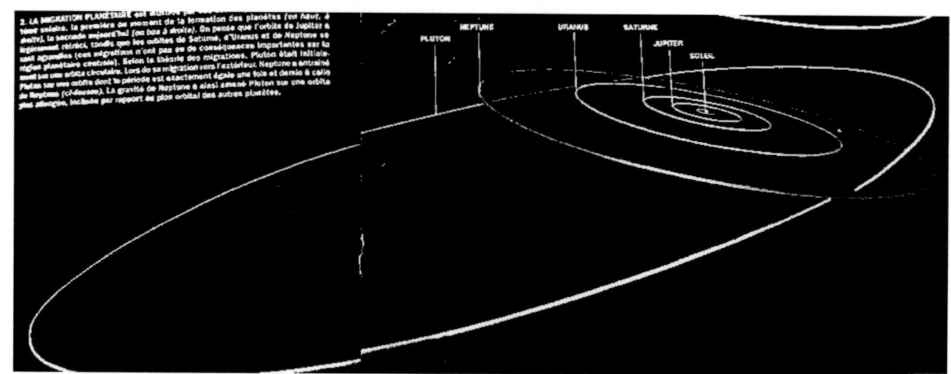

PLS N 264

Pluton s'est formé sur une orbite quasi circulaire dans le même plan que les autres planètes ; puis les interactions gravitationnelles avec Neptune qui était alors proche de Pluton l'auraient déplacée sur une orbite très excentrique placée sur un autre plan et Pluton effectue alors deux révolutions autour du Soleil pendant que Neptune en effectue trois ; ce qui met Pluton et Neptune à une grande distance entre elles. Son atmosphère est composée d'azote ; de la glace d'azote se forme dans un bassin situé près de son équateur. C'est une planète naine de 2372 km de diamètre. Anciennement planète du système solaire elle est considérée maintenant comme un des plus gros objets de la ceinture de Kuiper.

Uranus, cette géante glacée découverte en 1771 par W Herschel, possède des anneaux à orbites légèrement elliptiques contrairement aux autres planètes. Son axe de rotation est très incliné par rapport à son axe orbital : elle tourne comme une roue et non comme une toupie. Une année sur Uranus dure 84 ans terrestres.

Neptune serait née à 3,3 milliards de km du Soleil et aurait migré de 1,2 milliards de km vers l'extérieur en moins de 100 millions d'années. Neptune est entouré d'anneaux hétérogènes à texture granuleuse formés d'arcs et non d'anneaux complets. C'est une gigantesque sphère bleue, boule d'eau et de roche fondue entourée d'hélium et de méthane. Elle est située à 4,5 G km du Soleil.

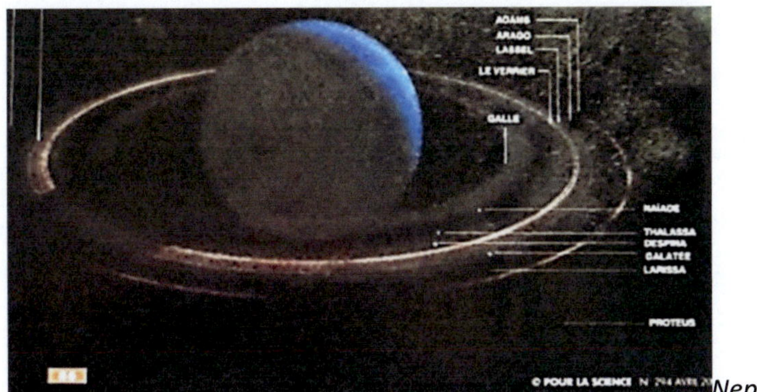

Neptune PLS N 294

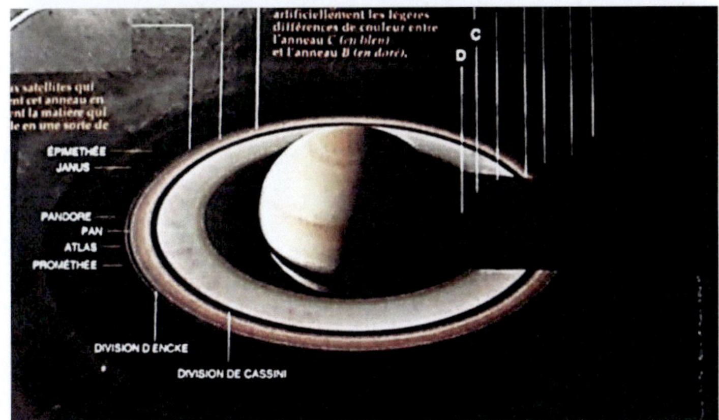

Saturne PLS N294

En 1610 Galilée fut le premier à observer l'étrange aspect de **Saturne** et Huygens montra, 50 ans plus tard, que Saturne était entourée d'anneaux brillants constitués de sous anneaux concentriques observés par Cassini en 1675 ; chaque anneau est constitué de morceaux de roche et de glace. Certains anneaux sont denses, d'autres pas. La matière de l'anneau diffuse vers la planète et vers l'extérieur : la perte d'énergie due aux collisions tend à faire s'effondrer le nuage vers la planète et la conservation de son moment cinétique l'oblige à tourner de plus en plus vite sur lui-même : les anneaux sont très fins ! L'anneau E de Saturne comprend les satellites Mimas, Thétis, Dionée et Rhéa, brillants et Encelade froid, en dehors de 150 lunes mineures. Les grandes taches blanches sont des tempêtes allant jusqu'à 1800 km/h. L'atmosphère est composée de 75% d'hydrogène et le reste d'hélium. Le pôle nord est entouré d'un jet-stream hexagonal au centre duquel existe un énorme cyclone ; le pôle sud en est dépourvu.

Les anneaux de **Jupiter** sont ténus, car très peu denses ; ils sont formés de particules plus fines que pour les anneaux des autres planètes et sont moins aplatis. Europe, une des lunes de Jupiter, est une boule de glace. Jupiter est constitué surtout d'hydrogène et d'hélium mais les pressions énormes qui règnent en son cœur ont condensé ces éléments en liquide, et il est possible aussi qu'il y ait des glaces.

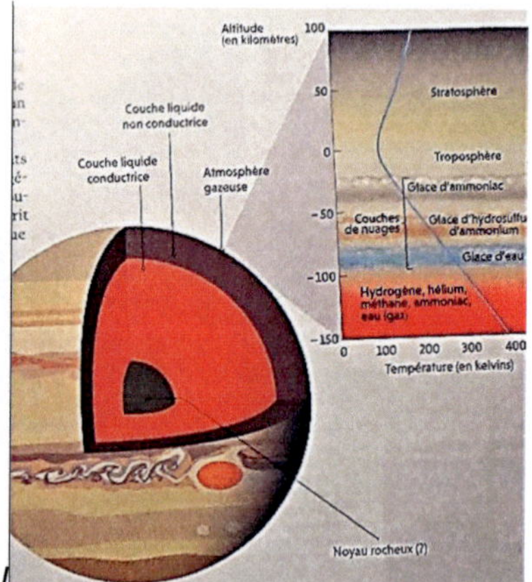

Jupiter PLS N294

Mercure est la planète la moins massive et la plus proche du Soleil ; son atmosphère est quasi inexistante et très instable.

Venus a probablement porté des quantités importantes d'eau jusqu'à -1G. d'années ; son atmosphère est composée de CO^2, d'azote et de traces d'eau et de SO^2 ; il existe une forte épaisseur de nuages d'acide sulfurique. Sa surface est soumise à la tectonique des plaques La température au sol est de 460°C et la pression est de 93 bars! Son axe de rotation a été instable. *PLS 498*

Mars *La Recherche N 515, 516 -2016, N 535-2018 ; Pour la Science N309 -2003* La planète est créée il y a 4 milliards d'années. À la suite d'un impact géant sur la planète un disque de débris s'est formé autour de Mars ; un satellite s'est formé, sa lune ancestrale, qui s'est éloignée de la planète sous les forces de marée et a percuté d'autres débris du disque. Avec le reste des débris les lunes Démos et Phobos se sont créées, et pendant que le disque disparaissait la lune ancestrale s'est précipitée sur la planète et a disparu. Les sillons ramifiés observés sont le signe de rivières présentes il y a 3,5 G.a d'années et de l'existence d'argile aux environs sur la surface de Mars. Mars est aujourd'hui couverte de poussières et de matières pulvérulentes présentes dans son atmosphère. L'épaisseur de ce manteau poussiéreux et glacé varie en fonction de la latitude. Mars est balayée par des vents. Les calottes glaciaires sont formées de glace de CO^2. Le sous-sol peut contenir de la glace d'eau mais la planète est aride en surface et stérile ! La croûte externe de Mars est constituée de dépôts arrangés en couches, en strates de couleur et dureté différentes et est parsemée d'innombrables cratères. Le mont *Sharp* a 5km d'altitude. Le jour martien a quasiment la même durée que le jour terrestre, l'année compte 687 jours ; l'inclinaison de son axe de rotation est équivalent à l'angle terrestre ; pas d'eau liquide, pas d'océans. L'atmosphère est mince : la différence de température entre le jour et la nuit est de 100°C. La température au sol est de -60°C.

 Mars fut aussi une planète bleue. Un océan aurait recouvert les régions polaires il y a 3 G.a ; il y avait lacs et rivières ; T =4d° ; Co2= 90%. Mars a ensuite perdu son atmosphère, son climat et son océan. SV 901

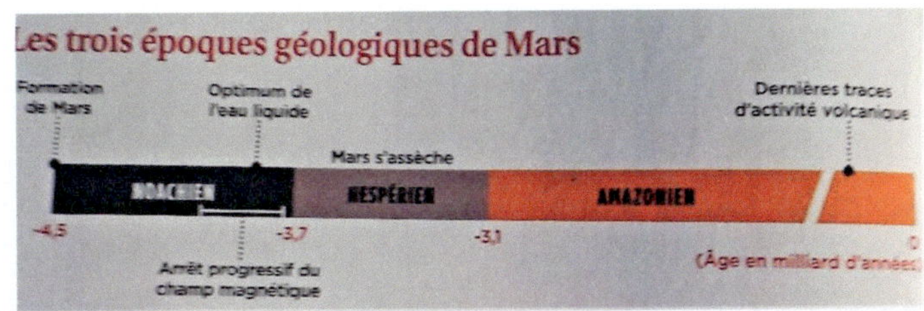

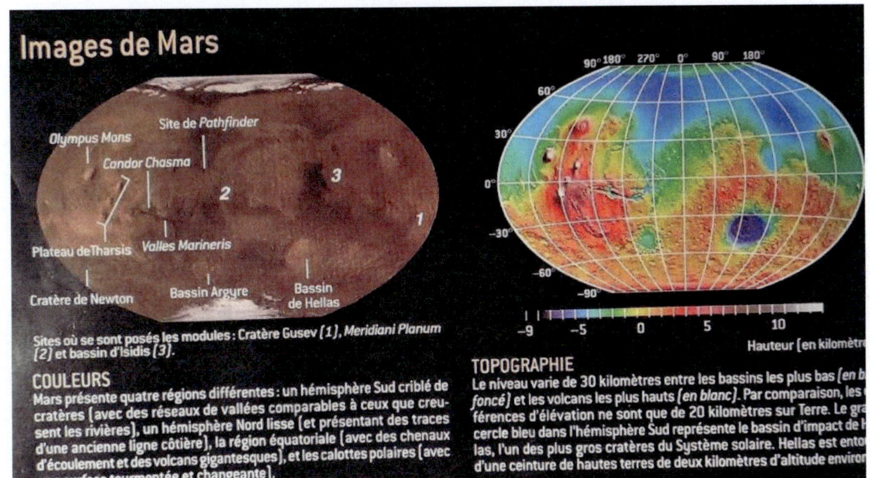

Images de Mars

Sites où se sont posés les modules : Cratère Gusev (1), Meridiani Planum (2) et bassin d'Isidis (3).

COULEURS
Mars présente quatre régions différentes : un hémisphère Sud criblé de cratères (avec des réseaux de vallées comparables à ceux que creusent les rivières), un hémisphère Nord lisse (et présentant des traces d'une ancienne ligne côtière), la région équatoriale (avec des chenaux d'écoulement et des volcans gigantesques), et les calottes polaires (avec une surface tourmentée et changeante).

TOPOGRAPHIE
Le niveau varie de 30 kilomètres entre les bassins les plus bas (en bleu foncé) et les volcans les plus hauts (en blanc). Par comparaison, les différences d'élévation ne sont que de 20 kilomètres sur Terre. Le grand cercle bleu dans l'hémisphère Sud représente le bassin d'impact de Hellas, l'un des plus gros cratères du Système solaire. Hellas est entouré d'une ceinture de hautes terres de deux kilomètres d'altitude environ.

PLS N30

En résumé :

PLANÈTES	EXCENTRICITÉ	DEMI GRAND AXE (EN U. A.)	INCLINAISON SUR L'ECLIPTIQUE (EN DEGRÉS)	OBLIQUITÉ (EN DEGRÉS)	PÉRIODE DE ROTATION (EN JOURS OU EN HEURES TERRESTRES)	PÉRIODE ORBITALE DE RÉVOLUTION	RAYON (EN KILO-MÈTRES)	MASSE (EN MASSES TERRESTRES)
MERCURE	0,206	0,38	7°	0	59 JOURS	88 JOURS	2 440	0,055
VÉNUS	0,007	0,72	3°4	180°	243 JOURS RÉTROGRADE	224 JOURS	6 050	0,82
TERRE	0,017	1		23°5	1 JOUR	365 JOURS	6 378	1
MARS	0,093	1,52	1°85	25°	24H37'	687 JOURS	3 390	0,11
JUPITER	0,048	5,2	1°3	3°	9H50'	11,8 ANS	71 492	318
SATURNE	0,056	9,5	2°5	26°	10H40'	29,5 ANS	60 268	94
URANUS	0,046	19,2	0°8	98°	17H14' RÉTROGRADE	84 ANS	25 559	15
NEPTUNE	0,01	30,1	1°8	28°	16H3'	164,8 ANS	25 269	17
PLUTON	0,25	39,6	17°2		6 JOURS 9H17'	248,5 ANS	1 162	0,002

PLS N299

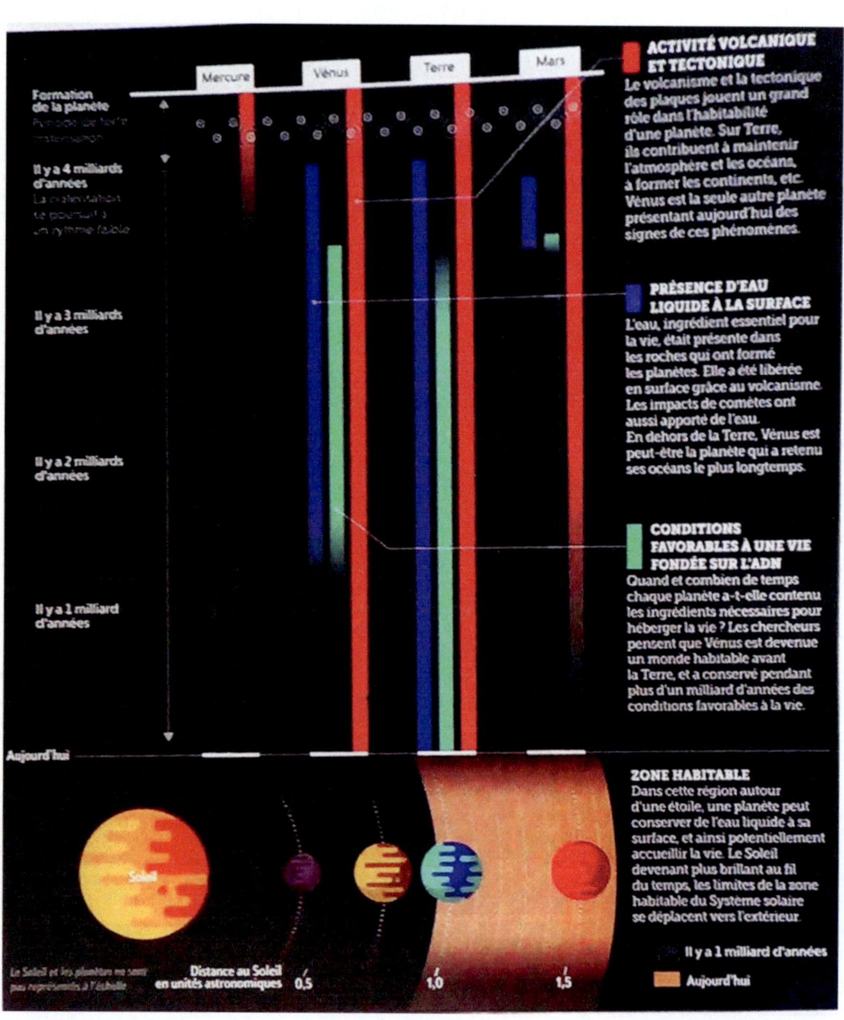

En 1543 N Copernic déclare que la Terre tourne autour du Soleil, non l'inverse, et c'est seulement en 1728 que J Bradley découvre la première preuve observationnelle : le mouvement aberrant des planètes. Aujourd'hui la Terre tourne autour du Soleil à une vitesse de 30 km/s (108 000 km/h) et parcoure 1 milliard de km par an sur une trajectoire dont l'excentricité varie en 100 000 ans d'un quasi-cercle (aujourd'hui) à une ellipse. La Terre tourne sur elle-même en 23h 53mn 4s autour d'un axe oblique incliné à 23,26°. L'oblicité de cet axe varie sur une période de 41 000 ans de 21,9 à 24,5°. Et cet axe de rotation suit un mouvement de précession qui parcoure un tour en 23 000 ans : les saisons se décalent au fil des siècles ; il y a 11 000 ans l'été était très chaud et aujourd'hui l'été est moins chaud car nous sommes depuis en période interglaciaire qui durera encore 41 000 ans, les cycles de glaciation de la Terre étant de l'ordre de 100 000 ans. *PLS 318 Milankovic.* Ces 100 dernières années l'axe de rotation de la Terre se serait déplacé (4 m par an) à cause de la fonte des glaces.

65 G. de neutrinos venus du Soleil sont recueillis sur Terre par cm^2 et par s. *PLS 519.* 5 200 t de poussières extraterrestres arrivent chaque année sur Terre. A 1 500 *a.l.* de la Terre existe un petit trou noir de 3 MS. *LR892*

PLS 318

L'intérieur de la Terre est solide jusqu'à 2 900 km de profondeur (le manteau). Son noyau liquide va jusqu'à 5100 km et pour atteindre le centre à 6370km il faut ajouter sa graine solide centrale composée de fer et nickel solides avec une sous-structure de 1 200 km de diamètre. Les mouvements de rotation de ces trois entités sont couplés mais ne coïncident pas. La pression au centre est 3,25 millions de fois la pression atmosphérique et la température de 5500 °C comme à la surface du Soleil. *LR498*

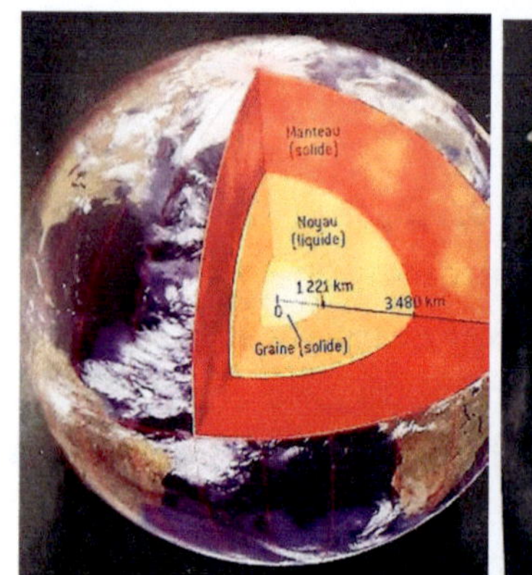 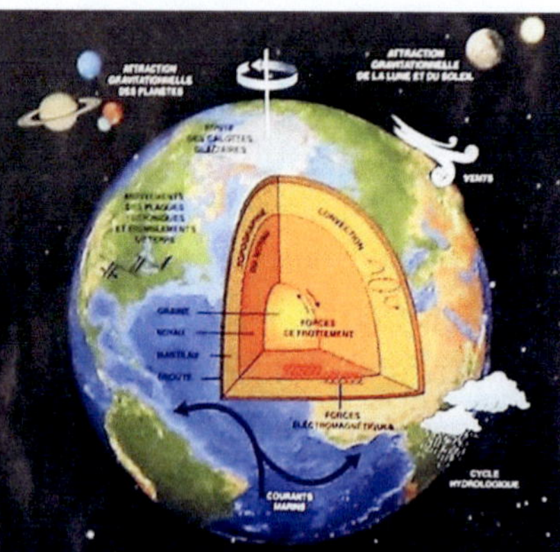 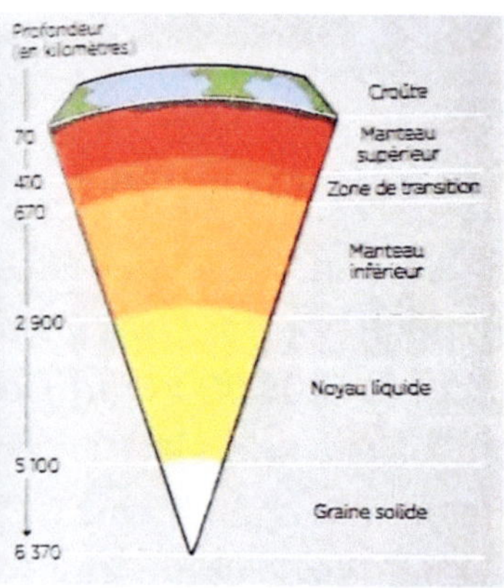

PLS318,281 ; SV516

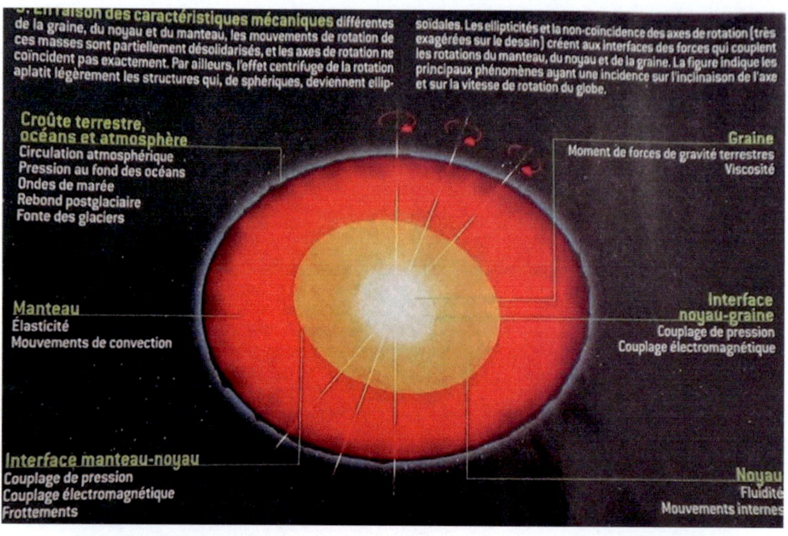

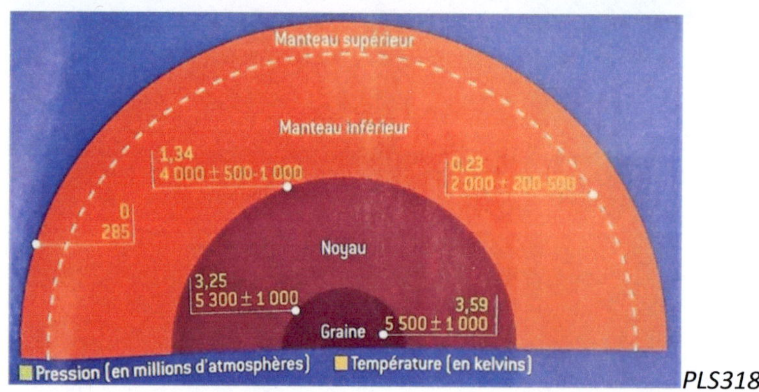

PLS318

Le pôle nord magnétique se déplace aujourd'hui à une vitesse de 55 km/an *PLS 505*

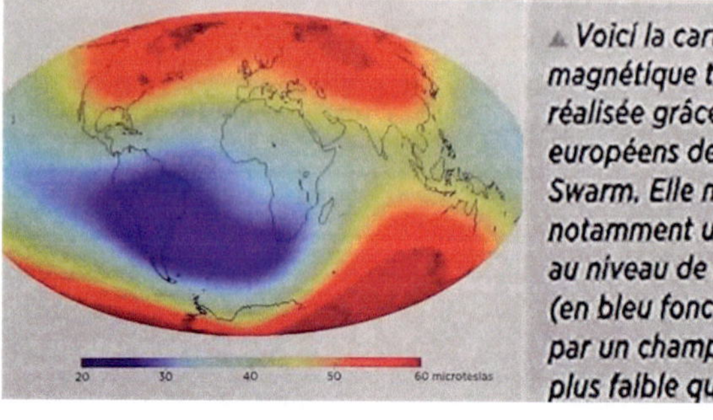

▲ *Voici la carte du champ magnétique terrestre réalisée grâce aux satellites européens de la mission Swarm. Elle montre notamment une anomalie au niveau de l'Atlantique (en bleu foncé), caractérisée par un champ magnétique plus faible qu'ailleurs.* LR 511

Les roches, en particulier celles du manteau supérieur, sont cristallines et les structures sont données par la forme des mailles élémentaires. Quelques défauts dans ces maillages peuvent, sous l'effet de contraintes, manifester des dislocations, origines de déformations et de glissements. De plus, même sous de fortes pressions, plus en profondeur, les défauts peuvent se transmettre de feuillet en feuillet et rendre possible des glissements.

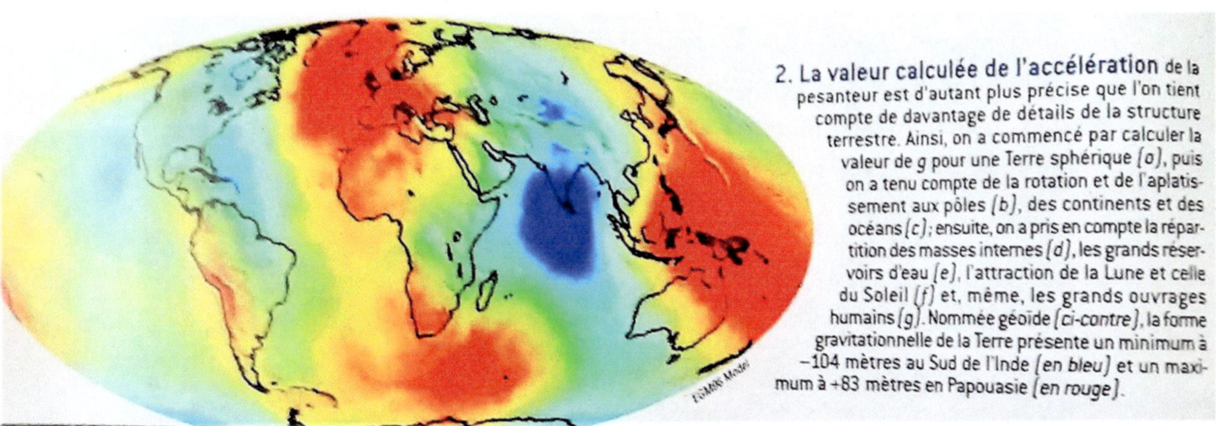

PLS 349

La Planète Terre a une surface de 500 millions de km^2 dont seulement 155 de terres. L'eau terrestre provient des chondrites et d'éléments constitutifs de la Terre mais aussi en partie d'astéroïdes extra-terrestres. *LR 507* L'eau occupe 71% de la surface terrestre. La Terre compte 1 386 M de km^3 d'eau dont 1338 M dans les océans. *LR515*

Notre belle Planète Bleu et la Voie lactée vue de notre Terre :

PLS 341

La lune

La Lune qui gravite à 384 400 km de la Terre, s'est formée à moins de 100 000 km ; elle s'est créée après l'impact à 22 500 km/h d'un objet de 700 km de diamètre (taille de Mars) sur la Terre en formation. Cela explique la similitude des roches superficielles terrestres et lunaires.

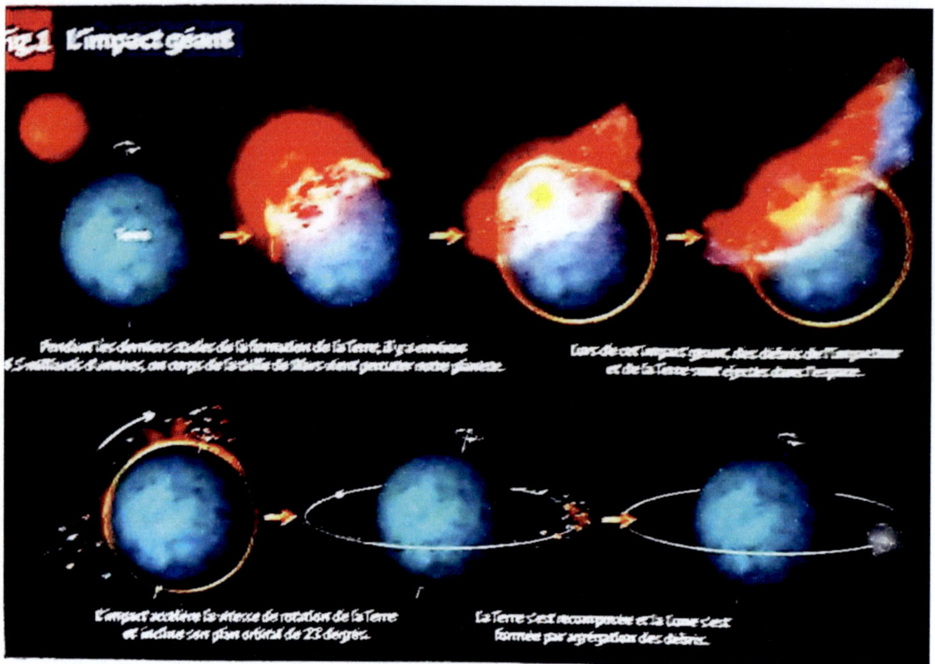

Entre 4,4 et 3,8 milliards d'années la lune a été bombardée de météorites et sa croûte solide ne pouvait y résister ; la matière sous-jacente s'est répandue alors pour former les « mers » lunaires et la roche non recouverte pulvérisée a créé une couche épaisse de fine poussière superficielle, alors que l'intérieur profond de la Lune était au cours de son évolution en partie fondu. La lune est assez homogène avec un centre chaud et un faible noyau de fer.

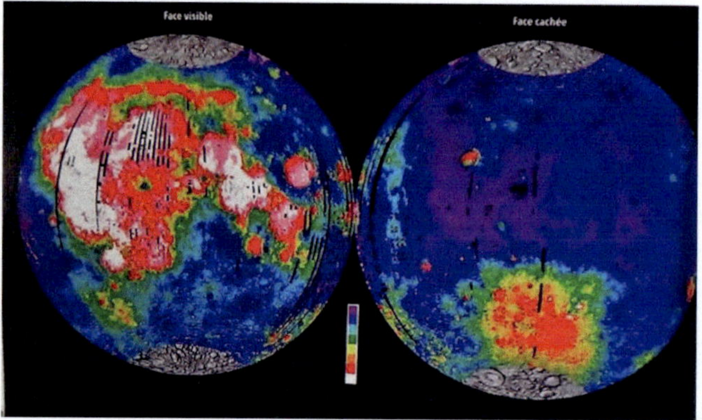

PLS 299

La lune a un rayon moyen de 1738 km et sa masse est de 7,349*10^{22} kg, sa densité de 3,34 g/cm^3. Elle s'éloigne de la Terre de 3,8 cm par an. *LR 548*. Bien que la Lune tourne autour de la Terre sa trajectoire est héliocentrique avec cavité tournée vers le Soleil.

SV janvier 2015 ; Le Supercontinent de Tim Flannery

Pour la Science PLS N246, N247-1998, N268-2000, N293, N294-2002, N307, N309-2003, NS 101, N495, N 498-2018, N506-2019, N507-2020 , N530-2021

La Recherche LR N 456 2011, N459 -2012 N506 -2015, N511 -2016, N 552-2019

DE SA FORMATION À CELLE DE MOLÉCULES COMPLEXES

4,55 G.a : **Création de la Terre** : il y a création de la proto-Terre 10 M.a. après le Soleil.

Peu après que les fragments rocheux du système solaire se furent agrégés en planètes, la Terre n'avait rien du globe bleu ! Sur 1000 km d'épaisseur il n'y avait que des roches fondues où régnait une immense chaleur : Pas d'atmosphère, pas de lune, pas de montagnes, pas d'océans, une seule boule de magma brûlant. Cette proto-Terre tournait très vite sur elle-même : en 2,5 h/jour ! *LR 471*

- **4,55 à -4,30 G.a : ère de l'Hadéen** [6](de Hadès ! Dieu grec des Enfers) : c'est à dire de pendant 250 millions d'années après la création de la Terre.

Après 50 millions d'années, l'atmosphère apparait à la suite d'un impact d'astéroïde qui donne aussi naissance à la lune. En moins de 100 millions d'années, les « premiers instants » de Terre, sa proto-croûte, son atmosphère, son noyau alors liquide, et sa lune, se seraient ainsi formées.

Pendant les 100 millions d'année qui suivirent, la surface et l'intérieur se refroidissant les premières roches solides pointent en surface et le noyau devient graine solide. Les premières montagnes résistent aux impacts des météorites et un champ magnétique terrestre commence à se mettre en place grâce aux mouvements de convection internes formant dynamo.

Et 50 millions d'années plus tard il y a à peu près partout de l'eau liquide extraite des roches formatrices. L'eau est aussi apparue sous l'effet d'impacts de nombreux météorites et comètes remplis d'eau *(SV 1109)* mais sous ces mêmes impacts elle se serait évaporée avant de reparaitre plus tard. La Terre tournait autour de son axe en moins de 22h et mettait plus de 400 jours pour tourner autour du soleil.

PLS HS 1999

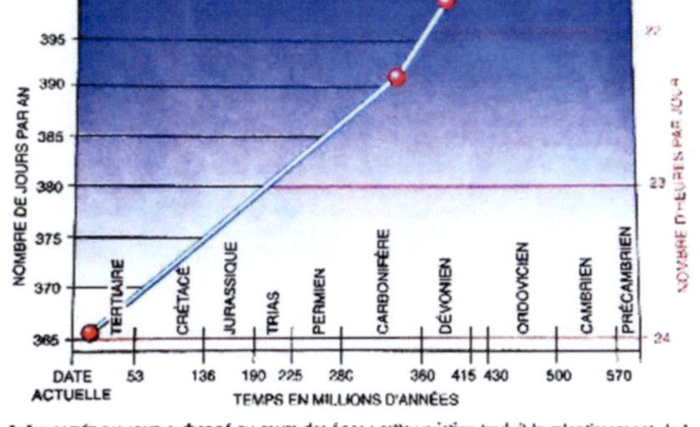

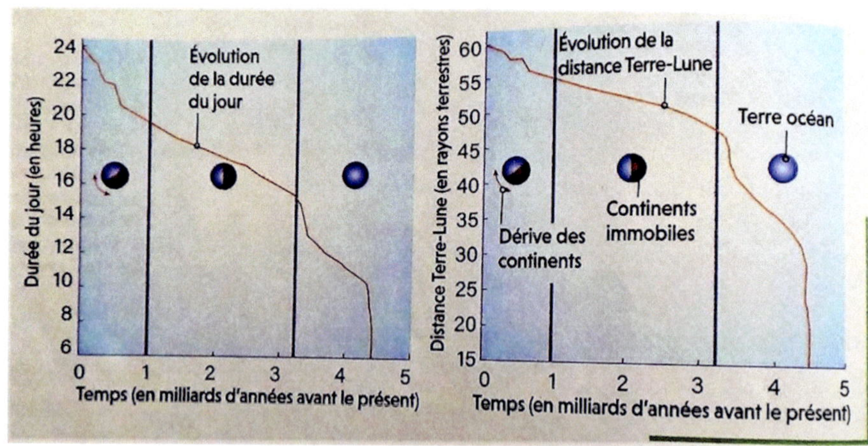

Les premières formations rocheuses magmatiques pointent en surface et se retrouvent, **aujourd'hui** et en parties, au Groenland, en Australie, au Brésil ou en Afrique. On a ainsi accès à des terres datant du début de la Terre (et qui se trouvaient bien sûr ailleurs sur Terre) ! *LR 487*

LR 45,6

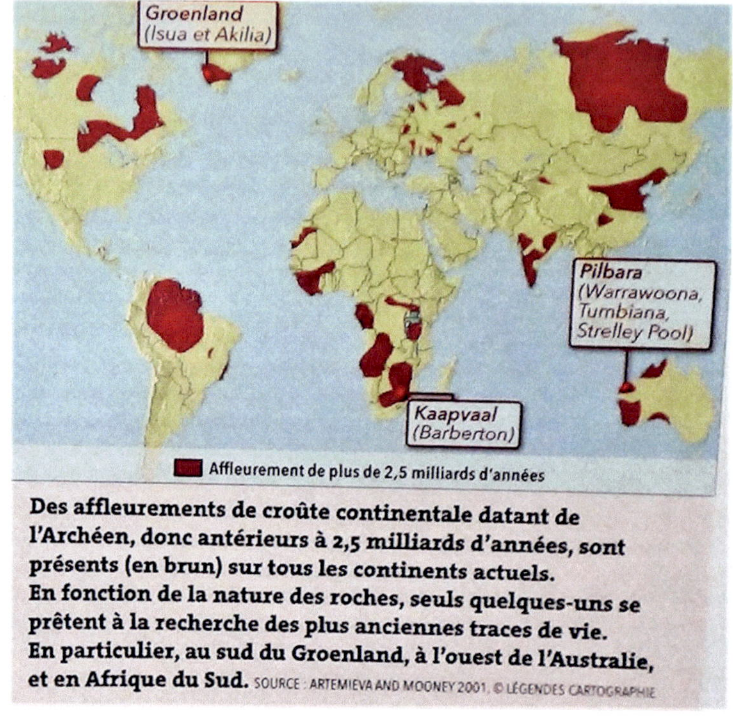

Des affleurements de croûte continentale datant de l'Archéen, donc antérieurs à 2,5 milliards d'années, sont présents (en brun) sur tous les continents actuels.
En fonction de la nature des roches, seuls quelques-uns se prêtent à la recherche des plus anciennes traces de vie.
En particulier, au sud du Groenland, à l'ouest de l'Australie, et en Afrique du Sud. SOURCE : ARTEMIEVA AND MOONEY 2001. © LÉGENDES CARTOGRAPHIE

L'Archéen se subdivise en :

-4,3 à -3,6 G.a : **Eoarchéen** près d'un milliard d'années !

-3,9 G.a : L'eau réapparait dans de vastes océans ; c'est enfin la planète Bleue 55 M.a. après sa création

-3,7 G.a. : Certaines parties de la croûte continentale sont à fort taux de silice. La formation d'une nouvelle croûte n'est pas continue et le démantèlement de continents s'échelonne pendant 50 à 700 M.a.

Des procaryotes, archées et bactéries vont bientôt apparaitre : est-ce déjà le début de la vie ?!

On trouve des traces de matière organique au Quebec *LR891*

L'atmosphère terrestre de même que l'environnement volcanique de ce temps ainsi que l'apport d'énergie par de violents éclairs, par le rayonnement intense ultraviolet du soleil et le bombardement de météorites, étaient propices à des synthèses de molécules. L'atmosphère primitive contenait surtout de l'azote gazeux, du CO_2, de la vapeur d'eau et de l'hydrogène, du méthane, du SH^2 et de l'ammoniac ; les océans étaient acides, très chauds, de 50 à 80°C et de 300°C près des sources chaudes. Les réactions entre molécules inertes vont créer des molécules de plus en plus complexes, comme des nucléotides, de acides gras et des acides aminés (qu'on retrouve sur certaines chondrites et donc qui auraient pu préexister à la Terre et être fabriqués près du Soleil !). *LR 456* À partir de composés simples il a pu se fabriquer de *l'amino-oxazoline*, des *désoxynucléosides* qui sont des briques de l'ARN et de l'ADN.

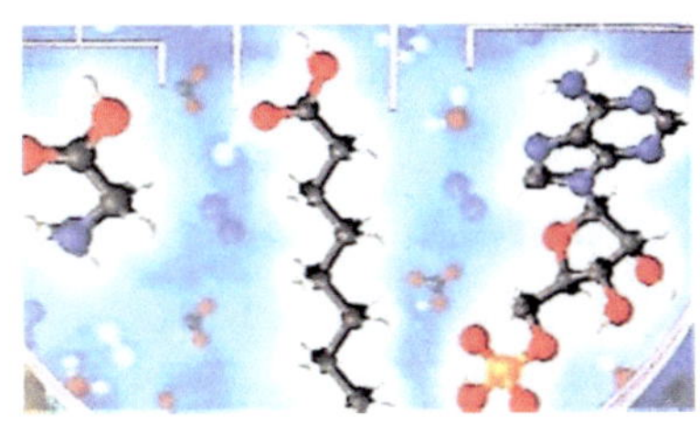

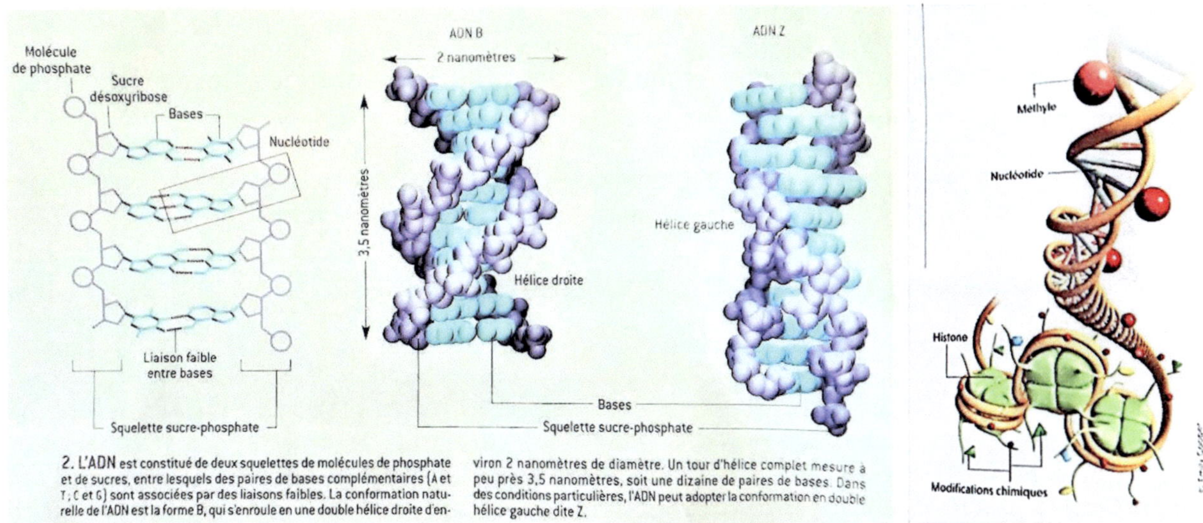

2. L'ADN est constitué de deux squelettes de molécules de phosphate et de sucres, entre lesquels des paires de bases complémentaires (A et T ; C et G) sont associées par des liaisons faibles. La conformation naturelle de l'ADN est la forme B, qui s'enroule en une double hélice droite d'environ 2 nanomètres de diamètre. Un tour d'hélice complet mesure à peu près 3,5 nanomètres, soit une dizaine de paires de bases. Dans des conditions particulières, l'ADN peut adopter la conformation en double hélice gauche dite Z.

PLS 321

-3,8 G.a à -3,45 G.a : Les plus vieilles traces de bactéries méthanogènes, auraient été trouvées dans des sédiments de 3.8 milliards d'années (mais contestées *PLS494*) et d'autres de 3,45 milliards d'années (*Pilbara* en Australie *PLS 482*); **ainsi moins de 1,1 milliard d'années après la création de la Terre, ce serait bien l'apparition de la vie!**

DE LA PSEUDO CELLULE LUCA À LA VIE

-3,6 à -3,2 G.a : **Paléo archéen**

La tectonique des plaques à l'origine des déplacements des continents est déjà en place : une croûte océanique plonge dans le manteau terrestre. Et sur les bords marins les colonnes de *Stromatolithes* figurent parmi les quelques signes de vie de microorganismes les plus anciens. *PLS 308*

Pour qu'il y ait vie il faut :

- soit qu'il existe un système qui s'auto-entretient en produisant sa propre énergie et sa propre matière à partir d'éléments qui lui sont extérieurs (avoir un métabolisme) avec primauté aux protéines et enzymes qui catalysent les réactions chimiques,
- soit qu'il y ait un système d'information, de matériel génétique codant l'information et capable de se répliquer; alors il y a primauté aux acides nucléiques dont ADN et ARN. Des ARN, les ribozymes, sont ainsi capables de catalyse, tout comme des peptides, de courts acides aminés. *PLS 506*

Mais, pour qu'il y ait vie, il faut aussi une membrane qui englobe ces molécules, membrane qui permet les échanges énergétiques avec l'environnement. La vie requiert qu'un ensemble de molécules interagissent pour former des systèmes chimiques auto-catalytiques capables d'interaction avec l'environnement PLS 562

Tout ce matériau : protéines, enzymes, bouts d'ADN, d'ARN, membranes, devait donc être là pour que la vie puisse s'installer.

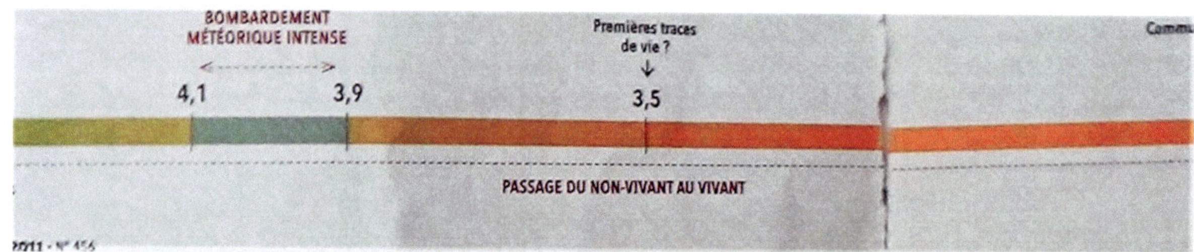

PLS456

Les premiers microorganismes formés étaient gourmant de CO^2 qui existait en forte concentration. Ils se sont développés et diversifiés.

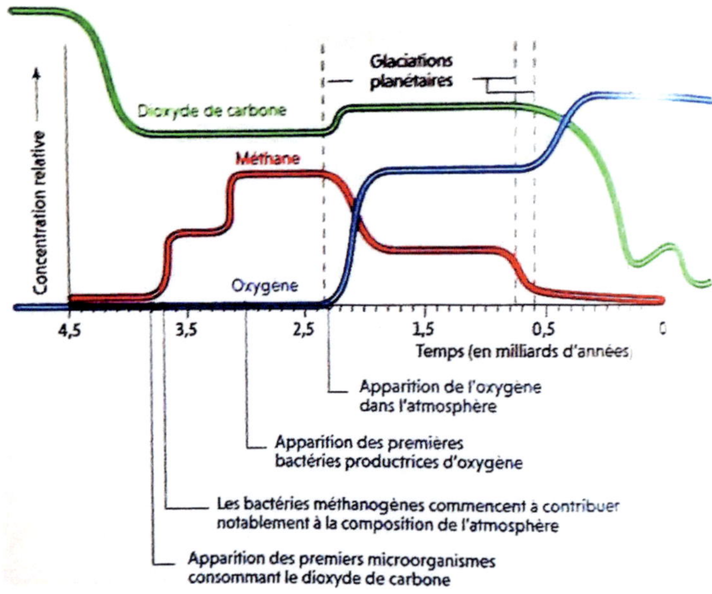

PLS323

L'ancêtre commun universel de la vie, s'il existe, serait « la » cellule qui est à l'origine des bactéries, des archées et des cellules eucaryotes, **les trois grandes branches du vivant**. Cette cellule serait assez complexe, issue de blocs d'acides aminés accumulés dans des mares ou sources hydrothermales et concentrés dans des vésicules de lipides *PLS4852*. Elle serait capable de vivre dans des lieux extrêmes où la température dépasse 80°C. Elle aurait acquis progressivement un génome à ARN et développé un complexe moléculaire capable de lire le code génétique et de fabriquer des protéines de plus en plus sophistiquées. *LUCA* est né (?), dans tous les cas, avec beaucoup de contemporains et a donné naissance aux trois lignées qui auraient, indépendamment, introduit de l'ADN dans leur cellule.*LR 523*

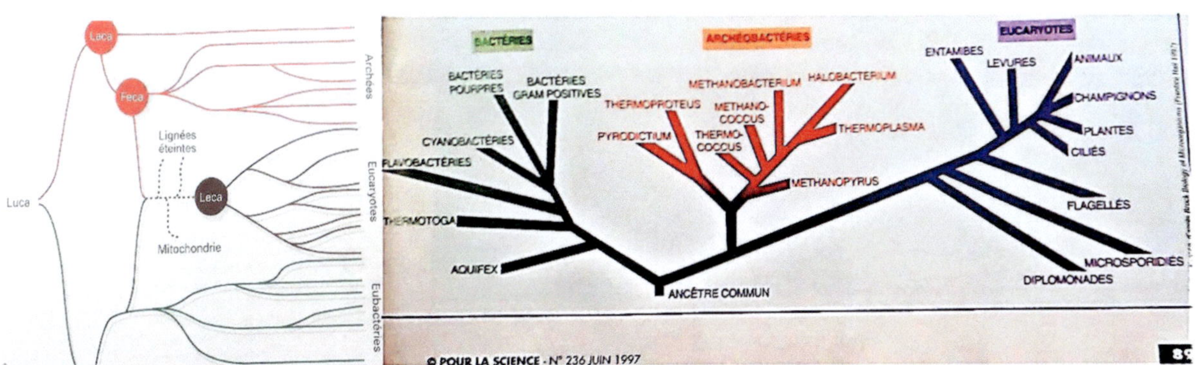

Les **archées** découvertes en 1977 sont des microorganismes unicellulaires, ou procaryotes, distincts des bactéries et eucaryotes, qui se distinguent par la composition de leur membrane et leur métabolisme permettant la synthèse du méthane. On les trouve dans les eaux chaudes mais aussi un peu partout, par exemple dans nos nombrils et dans l'intestin ! Elles se reproduisent par division de la cellule en plusieurs semaines *LR 552, 555*. Elles n'ont ni noyau ni mitochondries mais des protéines et des histones, et certaines comme les archées d'Asgard possèdent une architecture organisée, un cytosquelette *PLS 494,500, 505, LR 532, PLS 506*

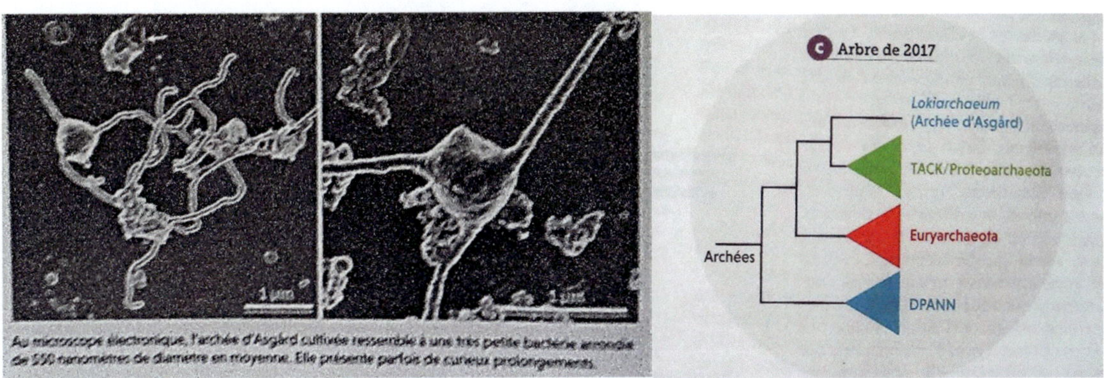

Les **bactéries** sont des organismes vivants microscopiques procaryotes uni ou pluricellulaires. Il existe selon les estimations des millions d'espèces différentes vivant en groupe. On les trouve partout : air, océan, terre et même dans nos corps, en particulier dans l'intestin. Elles se reproduisent par division cellulaire en moins de deux heures !

L'arbre des **eucaryote**s prend naissance chez les archées d'Asgard. Les eucaryotes sont des cellules vivantes possédant un noyau et des organites ou mitochondries aérobies ou anaérobies. Les mitochondries, usines à énergie des eucaryotes seraient des descendantes de bactéries qui se nourrissaient des déchets d'ancêtres d'archées d'Asgard. Les eucaryotes regroupent plusieurs règnes : les animaux ou métazoaires, les champignons, les plantes et pour certains les protozoaires qui ingèrent leur nourriture par phagocytose.

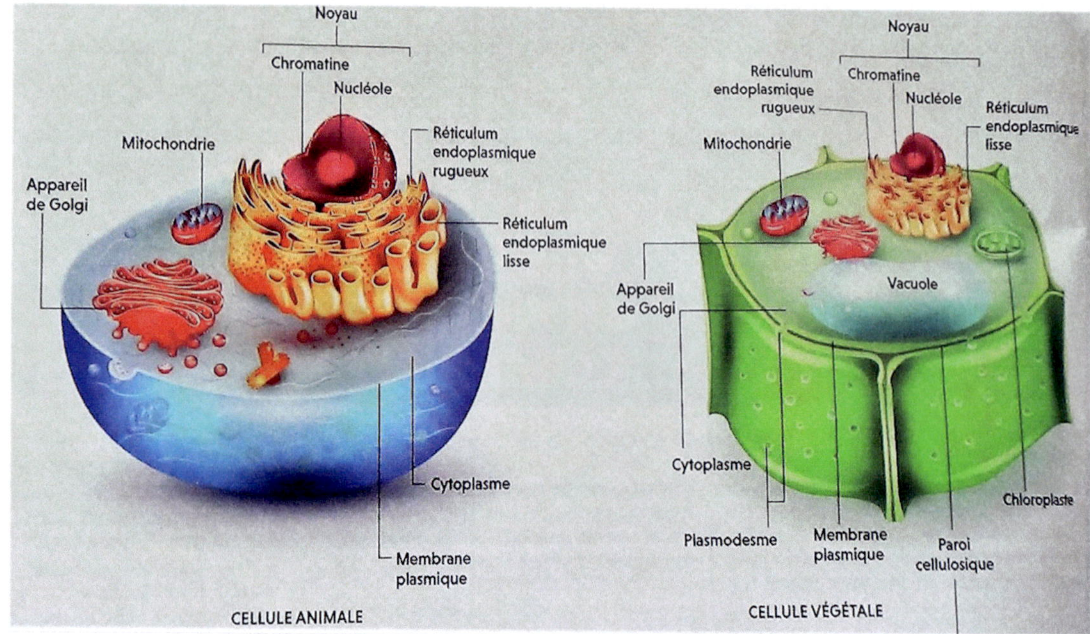

LR558

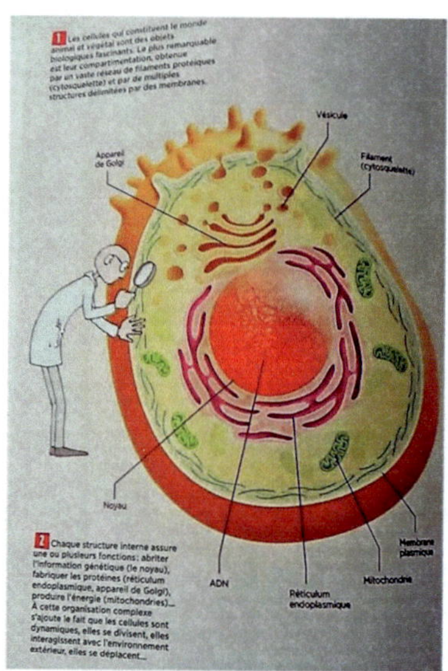

Une cellule eucaryote   *LR N558*

Les **virus**, qui ne peuvent pas se répliquer seuls dans un milieu extérieur, ne sont pas considérés (à tord ?) comme vivants. Mais selon certains microbiologistes ils seraient à l'origine de la création de l'ADN et de la formation des noyaux chez les eucaryotes. Ils sont dix fois plus nombreux que les bactéries. *LR 523* Par des mécanismes de transfert de gènes les virus jouent un rôle clef dans le fonctionnement des écosystèmes ; ils sont très nombreux en milieu aquatique. Les virus de surface, les phages, infectent les bactéries et archées en leur insérant de l'ADN viral pour changer leur génome ou pour faire fabriquer par la bactérie d'autres virus. *PLS 508*

-3,2 à -2,8 G.a : Méso archéen

-3,0 G.a : Le champ magnétique s'est installé sur Terre avec une polarité définie pour une certaine durée.

-2,8 à -2,5 G.a : Néo archéen

C'est l'ère pendant laquelle les bactéries se développent et se diversifient.

-2,7 G.a : Des bactéries productrices d'oxygène se sont révélées déjà sur Terre. Les *cyanobactéries* ont acquis la capacité de produire de l'oxygène par photosynthèse. La plupart de ces cyanobactéries <u>seront</u> en symbiose avec des champignons, des éponges ou des amibes.

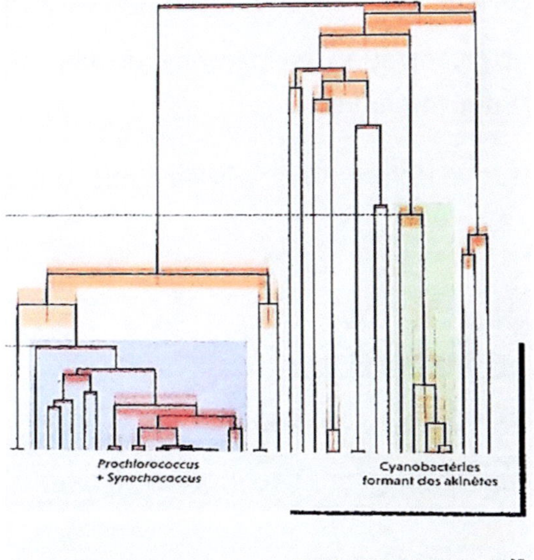

PLS 506

-2,5 G.a : Toute la Terre est glacée pendant près de 200 millions d'années ; les périodes de fortes glaciations seront accompagnées de nombreuses ères et oscillations glaciaires.

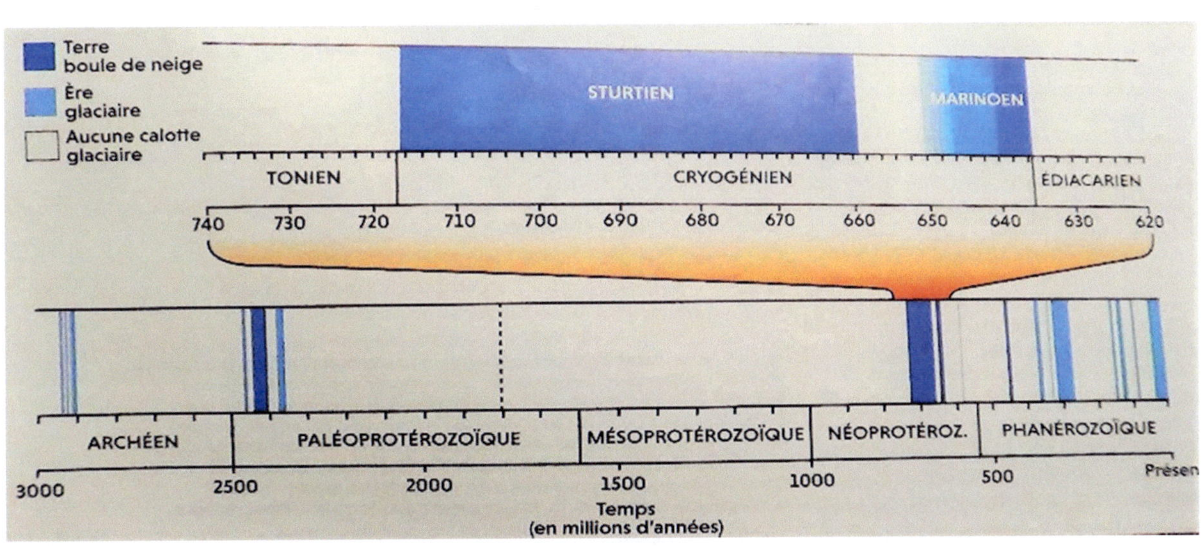

PLS 486

-2,5 G.a à -541 M.a : ère du Protérozoïque   (2 milliards d'années) subdivisé en :

-2,5 à -1,6 G.a : **Paléo protérozoïque**   presque 1 milliard d'années

 -2,4 G.a. : L'activité des bactéries photosynthétiques et la dissociation des molécules d'eau par le rayonnement solaire ont augmenté la teneur en oxygène qui s'est élevée au cours des millénaires. Cette activité a été rendue possible par celle, préalable, de bactéries productrices de méthane. *PLS 475*

-2,3 G.a. : Les cyanobactéries ont commencé à respirer et avoir la capacité de réaliser la photosynthèse (7 500 espèces). Les cyanobactéries par leur métabolisme ont créé des bactéries multicellulaires structurées en filaments, les stromatolithes *PLS558*

-2,2 G.a : La concentration en oxygène de la planète s'élève considérablement alors que celle du méthane diminue.

On trouve les premiers fossiles d'une longue histoire.

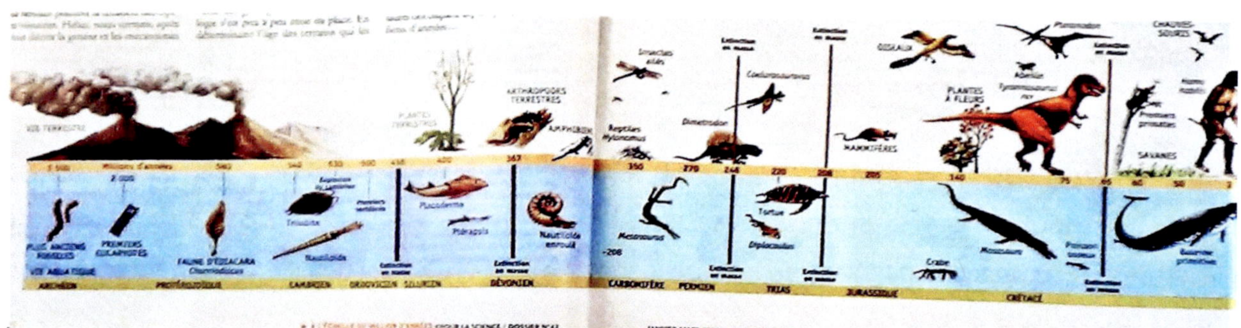

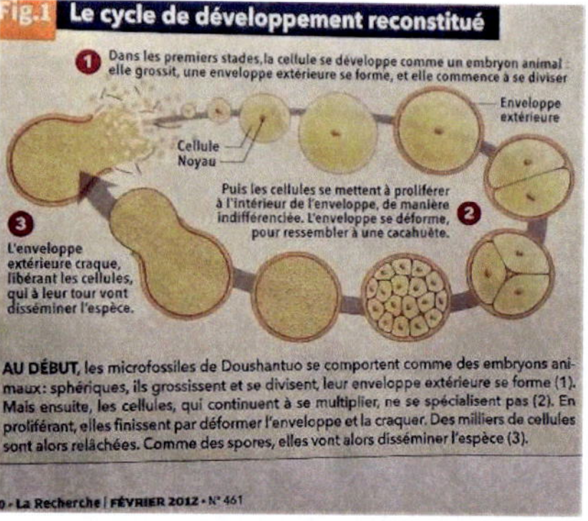

PLS D 42 2004

LR 491

Les Cnidaires, animaux aquatiques comprenant les coraux, les anémones, sous formes fixées, et les méduses sous formes libres, apparaissent. Ils se nourrissent en lançant un harpon urticant pour attraper les proies. Les Éponges sont des animaux marins qui possèdent un système nerveux très primitif et une matrice extracellulaire de collagène. Elles commencent à se développer.

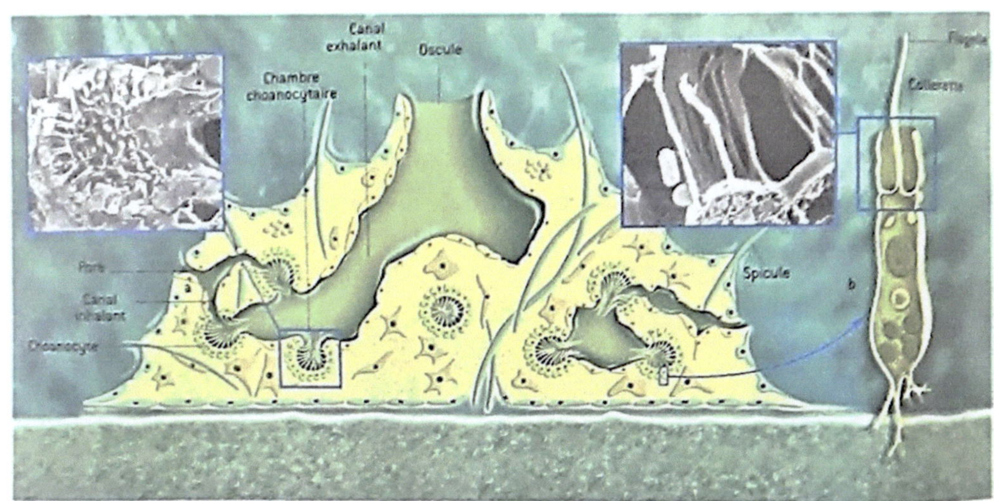

1. L'organisation des éponges (a) est très adaptée à la filtration. L'eau entre par des pores et circule dans des canaux dits inhalants, puis atteint les chambres choanocytaires (cartouche à gauche), où elle est filtrée. Elle est ensuite collectée par des canaux dits exhalants qui se rejoignent en une ouverture plus large, l'oscule, par où l'eau est évacuée. L'ensemble de l'éponge est soutenu par un squelette constitué de spongine, ou de spicules de calcaire ou de silice. Les chambres choanocytaires sont tapissées de cellules filtrantes, les choanocytes (b). Ces cellules sont munies d'un flagelle (cartouche à droite) situé au centre d'une collerette constituée de microvillosités. Le flagelle met en mouvement l'eau, tandis que la collerette la filtre et retient les bactéries et les colloïdes dont se nourrit l'animal.

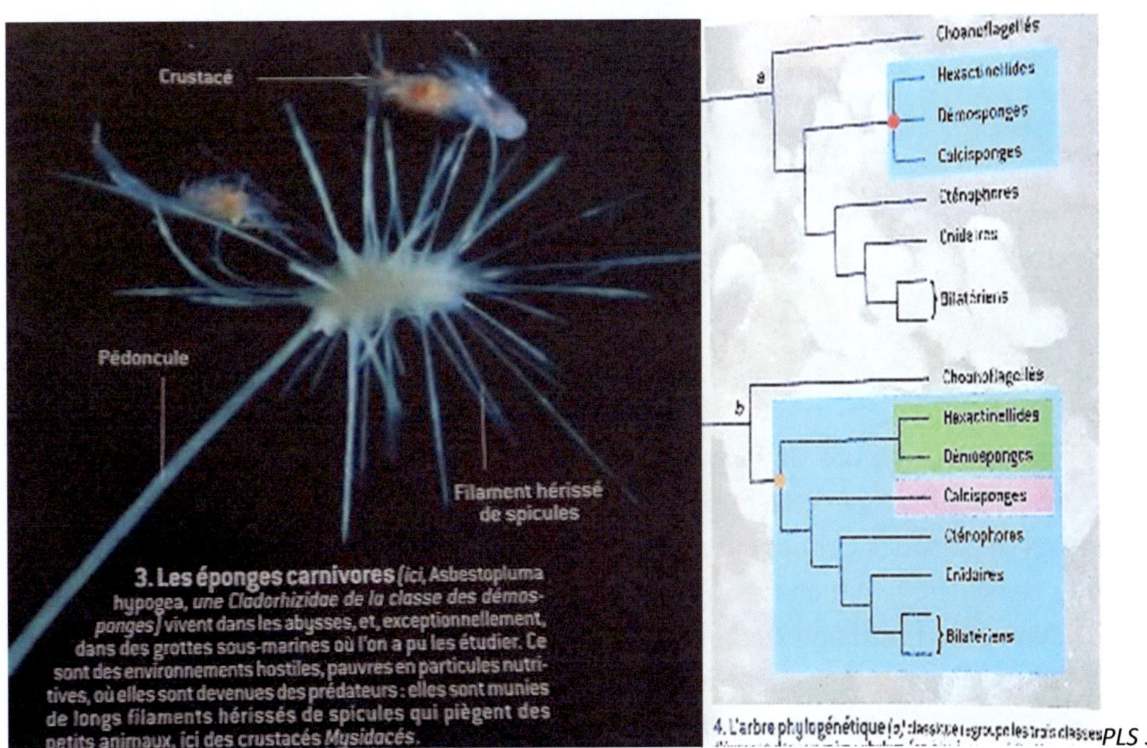

3. Les éponges carnivores (ici, Asbestopluma hypogea, une Cladorhizidae de la classe des démosponges) vivent dans les abysses, et, exceptionnellement, dans des grottes sous-marines où l'on a pu les étudier. Ce sont des environnements hostiles, pauvres en particules nutritives, où elles sont devenues des prédateurs : elles sont munies de longs filaments hérissés de spicules qui piègent des petits animaux, ici des crustacés Mysidacés.

4. L'arbre phylogénétique (b) classique regroupe les trois classes *PLS 310*

-1,8 à -1,6 G.a : À cette époque les terres immergées forment le supercontinent *Colombus* ; de l'oxygène est produit en abondance par des cyanobactéries ; la Terre s'est réchauffée et il n'y a pas de calottes glaciaires. La Terre tournait en 19h/j. PLS552

L'arbre du vivant qui se met en place trace-t-il des liens généalogiques entre les espèces à partir de l'ancêtre commun ? C'est la thèse génétique. En fait les branches de l'arbre s'entremêlent. Il faut parler plutôt de réseaux et il n'y a pas contradiction entre l'existence de transferts horizontaux et l'entreprise de construction d'un arbre : évolution et hérédité sont imbriquées.

Les mécanismes de transferts horizontaux sont : conjugaison, transduction, transformation et introgression ; et c'est l'ADN qui est le vecteur de transmission vertical de parents à enfants.

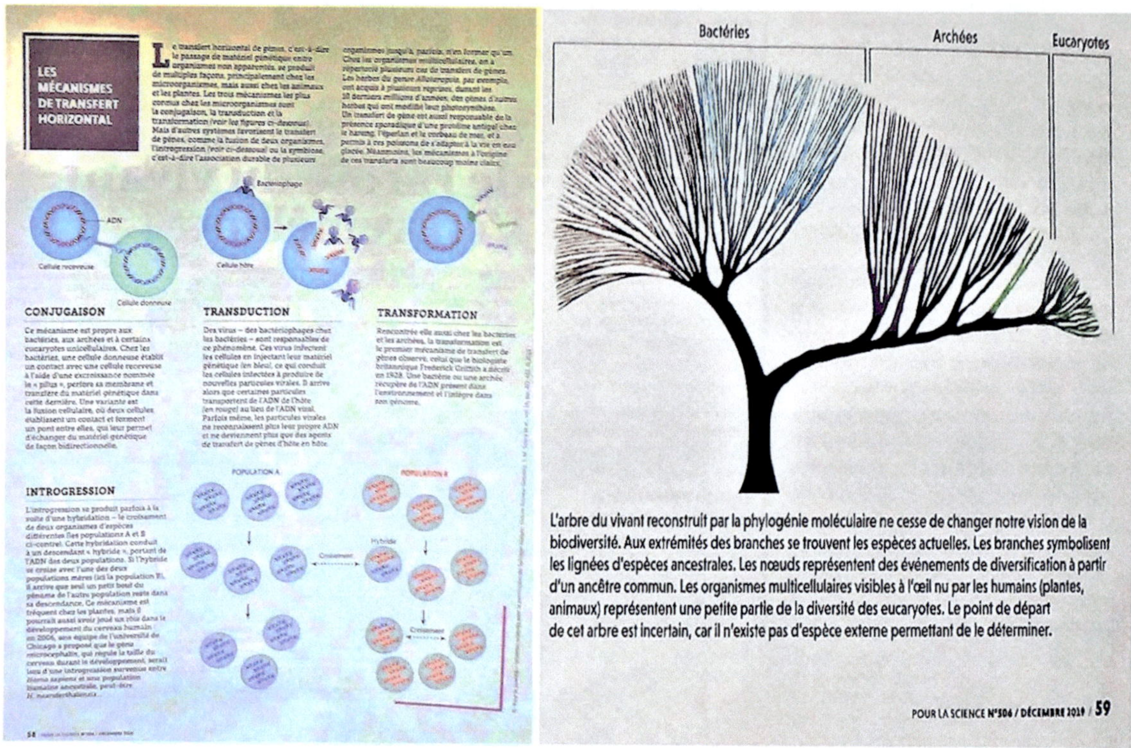

L'arbre du vivant reconstruit par la phylogénie moléculaire ne cesse de changer notre vision de la biodiversité. Aux extrémités des branches se trouvent les espèces actuelles. Les branches symbolisent les lignées d'espèces ancestrales. Les nœuds représentent des événements de diversification à partir d'un ancêtre commun. Les organismes multicellulaires visibles à l'œil nu par les humains (plantes, animaux) représentent une petite partie de la diversité des eucaryotes. Le point de départ de cet arbre est incertain, car il n'existe pas d'espèce externe permettant de le déterminer.

PLS N 268, 506

L'évolution ne se produit pas de façon graduelle et connait de longues périodes de stagnation entrecoupées d'épisodes frénétiques d'innovation biologique. Les microévolutions expliquent-elles la macroévolution ? La formation des espèces est-elle due à des transformations morphologiques notables ? Les modifications sont-elles lentes ou s'effectuent-elles par sauts ? Toutes ces questions expliquent la diversité des arbres de vie proposés et

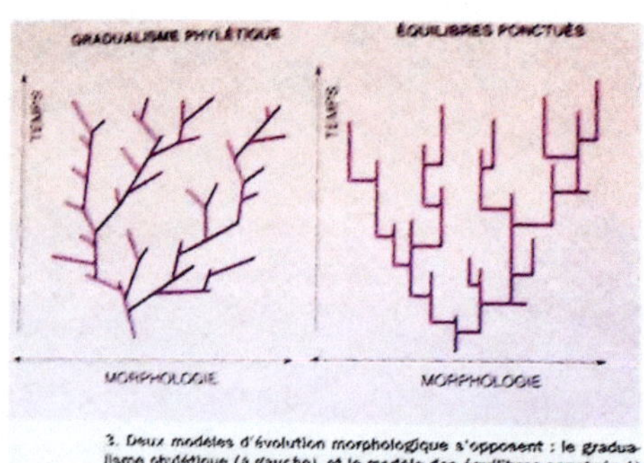

3. Deux modèles d'évolution morphologique s'opposent : le gradualisme phylétique (à gauche), et le modèle des équilibres ponctués (à droite), défendu notamment par Gould. Dans le premier, les modifications morphologiques se produisent de façon graduelle et elles ne sont pas liées aux événements de spéciation. Pour le second, les transformations morphologiques se produisent lors des épisodes de spéciation et sont brutales : il y a des « sauts » évolutifs après lesquels on n'observe pas de changement morphologique durant l'existence de l'espèce. Dans ce modèle, des périodes d'évolution rapide sont séparées par des périodes de stase morphologique.

des nombreuses classifications dont celle *classique* retenue en sciences naturelles : règnes, embranchements, classes, ordres, familles, genres, espèces, ou celle *cladistique* qui définit la hiérarchie des relations de parenté en analysant les gènes.   *PLS 297*

L'espèce serait une classe stable car « c'est ce qui subsiste quand tout change », mais l'espèce n'est-elle pas aussi une idée floue ? *PLS 350*   La diversité des espèces est énorme et si, en effet, elle est limitée par certains mécanismes empêchant les espèces de se croiser, l'évolution est possible. L'hérédité génétique est imparable mais l'apparition de différences génétiques permet la divergence d'espèces. Deux espèces peuvent diverger tout en échangeant des gènes et occupant le même site géographique.*LR 480*

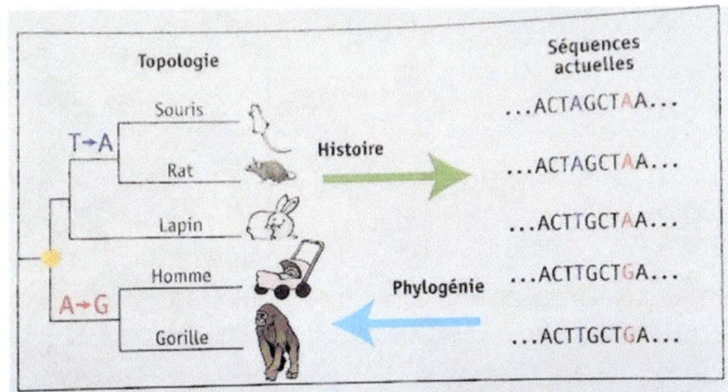

2. LES RELATIONS DE PARENTÉ des espèces, ici cinq mammifères, sont représentées sous la forme d'un arbre. Le génome de leur dernier ancêtre commun (en jaune) s'est transmis aux descendants en accumulant des mutations (les lettres colorées). Les séquences nucléotidiques actuelles de ces espèces sont donc semblables. En comparant ces différences, la phylogénie moléculaire tente de reconstruire l'histoire évolutive de ces organismes, c'est-à-dire la topologie de l'arbre évolutif, mais aussi les longueurs de ses branches, qui sont proportionnelles au nombre de mutations subies. De la connaissance du présent (les séquences), on déduit l'histoire passée (l'arbre).

PLS D 42 2004

L'histoire évolutive est réversible (on peut la lire dans les deux sens).   Elle est créatrice par symbioses de ressemblances entre organismes non apparentés *PLS 350*

L'exploration des interactions entre gènes et environnement est le domaine de l'*épigénétique* qui se définit comme : phénomènes qui modifient l'expression des gènes sans en altérer la nature *PLS 345* ; il y a hérédité épigénétique des caractères acquis *PLS 350*. La variabilité génétique résulte d'un double processus. D'une part les populations soumises à des épidémies ont vu leur nombre diminué et ont transmis moins de diversités génétiques à leurs descendants. D'autre part sous l'effet du hasard des modifications peuvent apparaitre dans les spermatozoïdes ou les ovules et ces mutations peuvent, ou pas, être supportées par leurs descendants ; d'où une sélection naturelle. *LR 521* Ainsi seules les interactions entre gènes et environnement conduisent au développement individuel ; rien n'est donc inéluctable et c'est rassurant ! *PLS HS 105*

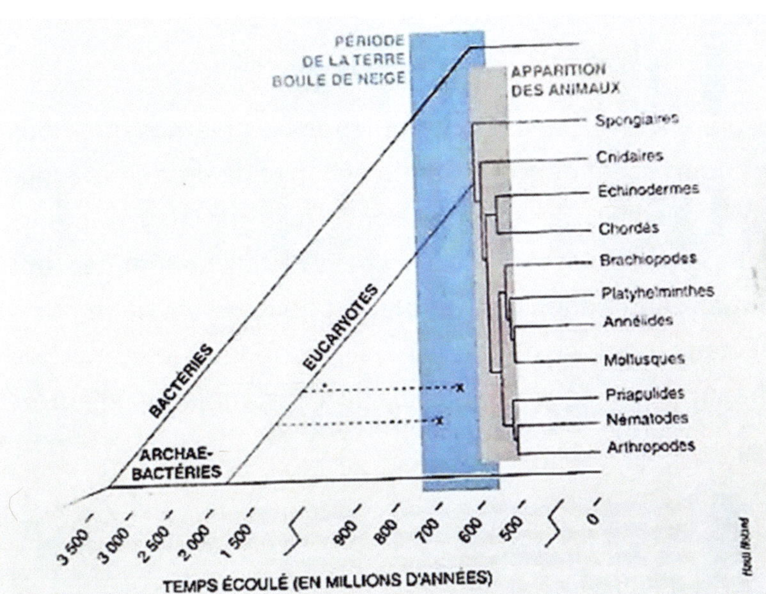

4. TOUS LES ANIMAUX descendent des premiers eucaryotes, des cellules qui ont un noyau délimité par une membrane, apparus il y a environ deux milliards d'années. Lorsque la Terre a gelé, plus d'un milliard d'années après l'apparition de la vie, les eucaryotes avaient peu évolué : ils n'en étaient qu'au stade de protozoaires unicellulaires et d'algues filamenteuses. Toutefois, malgré les conditions climatiques extrêmes, qui ont peut-être «élagué» l'arbre des eucaryotes (lignes en pointillés), les 11 grandes familles d'animaux qui peuplent la Terre sont apparues en très peu de temps, après la fonte des neiges à la surface de la Terre. L'isolement génétique prolongé et la pression de sélection qui avait eu lieu sur la Terre gelée seraient à l'origine de cette explosion de nouvelles formes de vie.

PLS 268

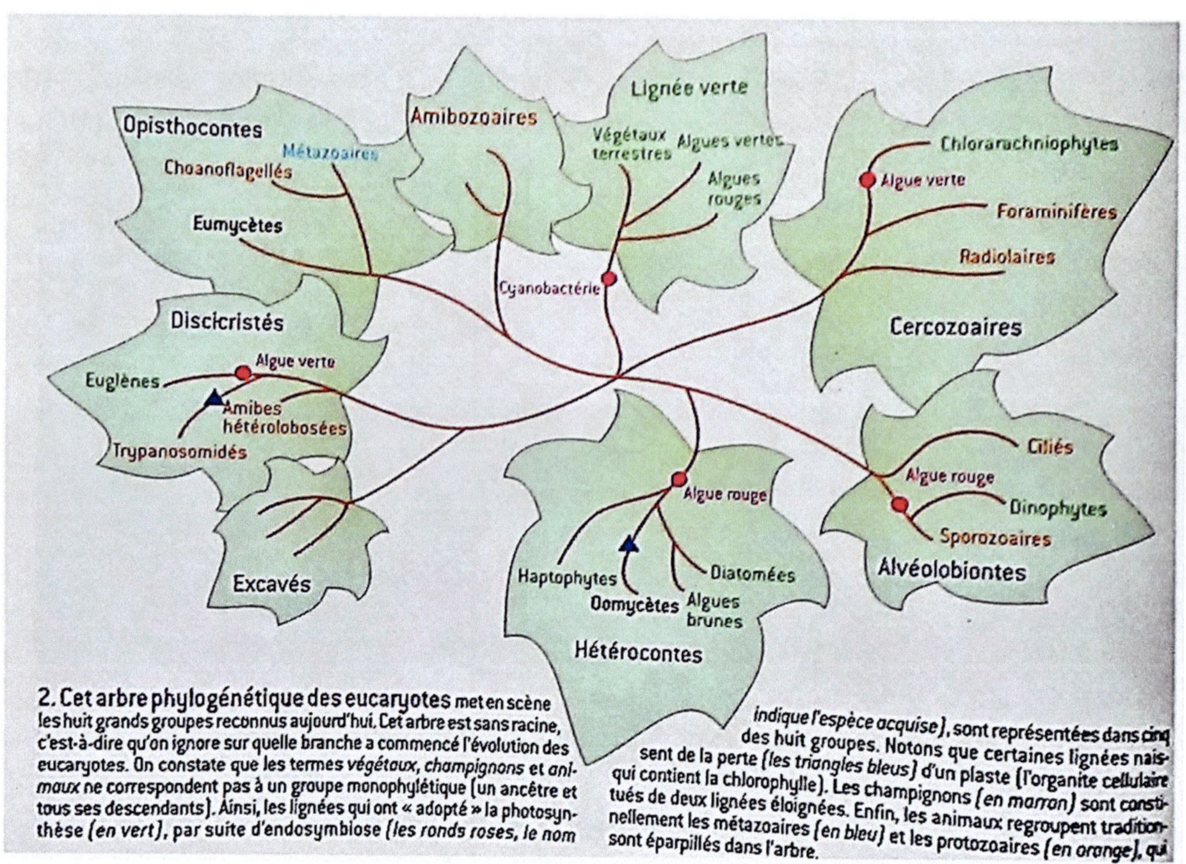

2. Cet arbre phylogénétique des eucaryotes met en scène les huit grands groupes reconnus aujourd'hui. Cet arbre est sans racine, c'est-à-dire qu'on ignore sur quelle branche a commencé l'évolution des eucaryotes. On constate que les termes *végétaux, champignons et animaux* ne correspondent pas à un groupe monophylétique (un ancêtre et tous ses descendants). Ainsi, les lignées qui ont « adopté » la photosynthèse (*en vert*), par suite d'endosymbiose (les ronds roses, le nom indique l'espèce acquise), sont représentées dans cinq des huit groupes. Notons que certaines lignées naissent de la perte (les triangles bleus) d'un plaste (l'organite cellulaire qui contient la chlorophylle). Les champignons (*en marron*) sont constitués de deux lignées éloignées. Enfin, les animaux regroupent traditionnellement les métazoaires (*en bleu*) et les protozoaires (*en orange*), qui sont éparpillés dans l'arbre.

PLS 350

Animal, végétal : une distinction obsolète *PLS 350*. Sans les champignons les plantes que nous connaissons n'existeraient pas : ils les nourrissent et protègent en échange de produits de leur photosynthèse. Sentir, écouter, voir, toucher… les plantes sont en de nombreux points comparables aux animaux quant à leurs capacités sensorielles…. Les végétaux ne sont pas tout en bas de l'échelle du vivant … la frontière entre animal et végétal est floue. *PLS 101*. Néanmoins contrairement aux organismes végétaux photosynthétiques qui fabriquent leur matière organique à partir du CO_2, les animaux tirent leur énergie de la consommation d'autres organismes ; ils doivent les *digérer*.

LA DIVERSIFICATION DES EUCARYOTES

-1,6 G.a. à -1,0 G.a : **Méso protérozoïque**

1,67 G.a. : Les eucaryotes unicellulaires   LECA apparaissent

1,63 G.a. puis les premiers eucaryotes multicellulaires tels algues vertes, rouges, amibes

La reproduction sexuée apparait. Par symbiose des micro-algues procaryotes et eucaryotes ont acquis des chloroplastes qui ont permis d'oxygéner notre atmosphère !

-1 G.a :   On a identifié un champignon fossile de cette date, organisme pluricellulaire, peut-être marin et dont la descendance a disparu. Les Champignons sont des eucaryotes uni ou pluricellulaires munis d'une paroi cellulosique ; ils se nourrissent par absorption de molécules organiques. Aujourd'hui il y a 5 millions d'espèces différentes de champignons *LR518*

-1,0 G.a. à -542 M.a : **Néo protérozoïque**

Quatre glaciations sévères de la Terre vont se succéder pendant cette ère. Elles seraient dues à de forts mouvements tectoniques *PLS 499*

Le super continent *Rodinia* est l'ancêtre du Gondwana ; c'est l'époque où la collision des grands blocs engendre des chaînes et la cassure de *Rodinia*.

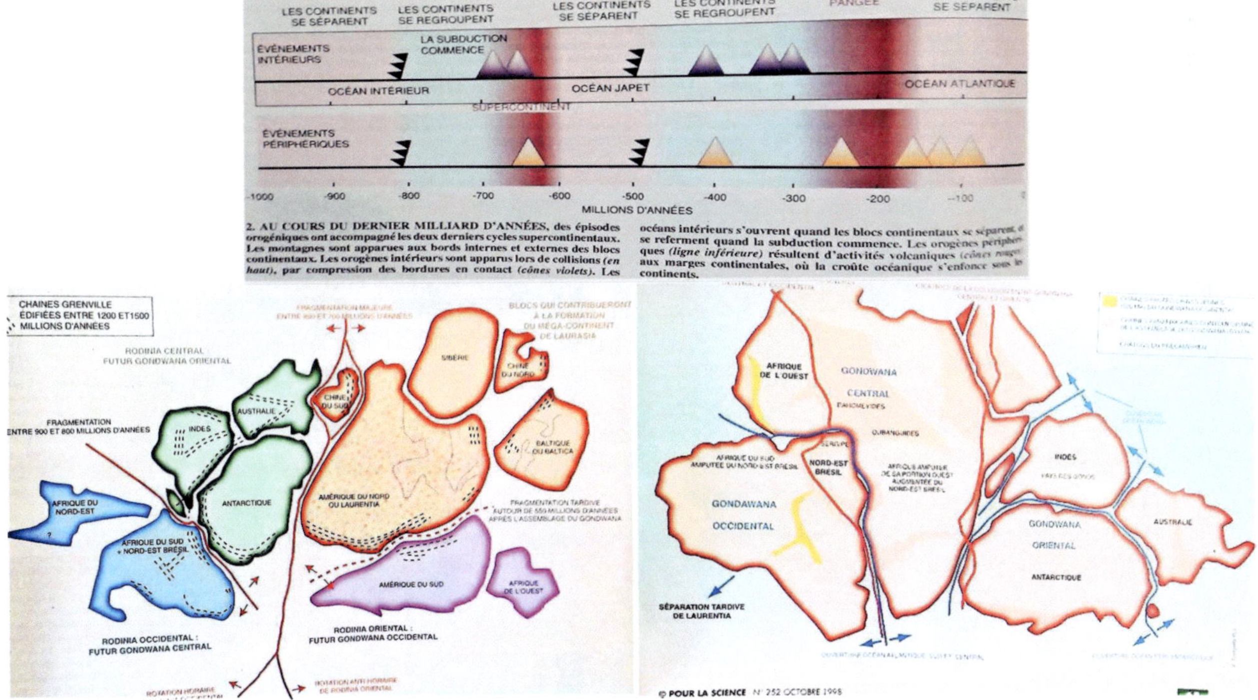

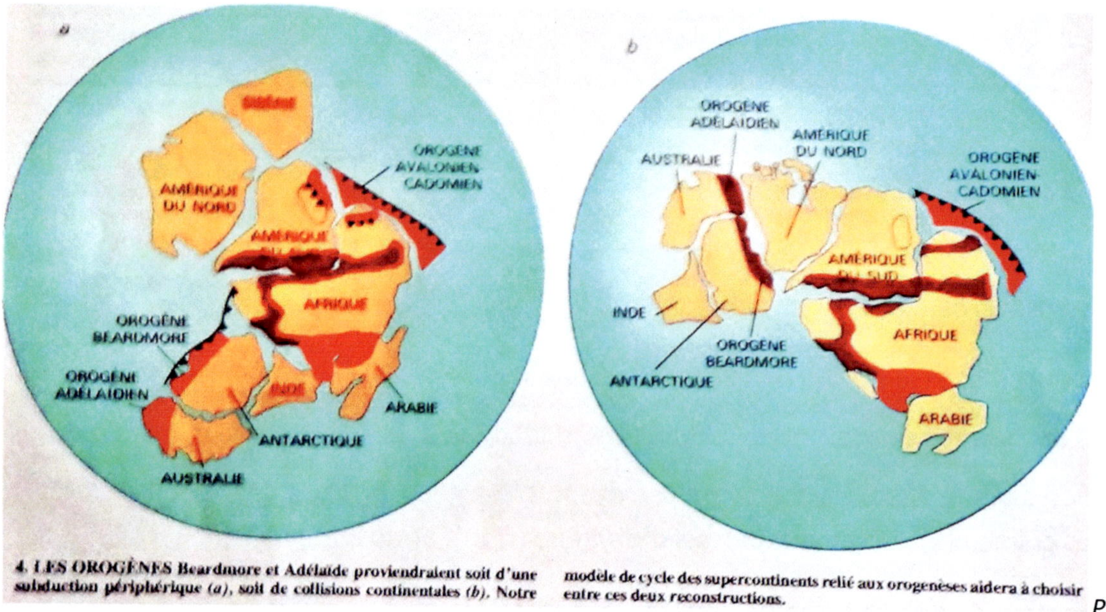

4. **LES OROGÈNES** Beardmore et Adélaïde proviendraient soit d'une subduction périphérique (*a*), soit de collisions continentales (*b*). Notre modèle de cycle des supercontinents relié aux orogenèses aidera à choisir entre ces deux reconstructions.

PLS 252

- 850 M.a. : Les animaux éponges, cnidaires et bilatériens (métazoaire ayant un côté gauche et un droit) commencent à se former et à se propager.

-750 M.a : C'est la première glaciation totale; les petits continents issus de la dislocation de Rodinia sont rassemblés près de l'équateur. Les fortes pluies entraînent une augmentation de CO^2 ce qui fait chuter les températures et les glaces formées accentuent la baisse des températures. En l'espace d'un millénaire la Terre est enveloppée de glace. La pluie cesse, le gaz carbonique chute lentement. La plupart des micro-organismes sont morts. Puis l'activité volcanique pendant 10 M. d'années réchauffe la Terre d'où la réapparition de l'eau liquide dans les zones tropicales ; d'où un réchauffement et un cycle d'évaporation, précipitation *PLS 268*

-650 M.a : On trouve des traces d'éponges ou d'amibes unicellulaires à *Oman* *PLS 502* Apparition du tube digestif, 1^{ier} organe des organismes multicellulaires, ce qui permet une évolution vers des grandes tailles des organismes. PLS 544

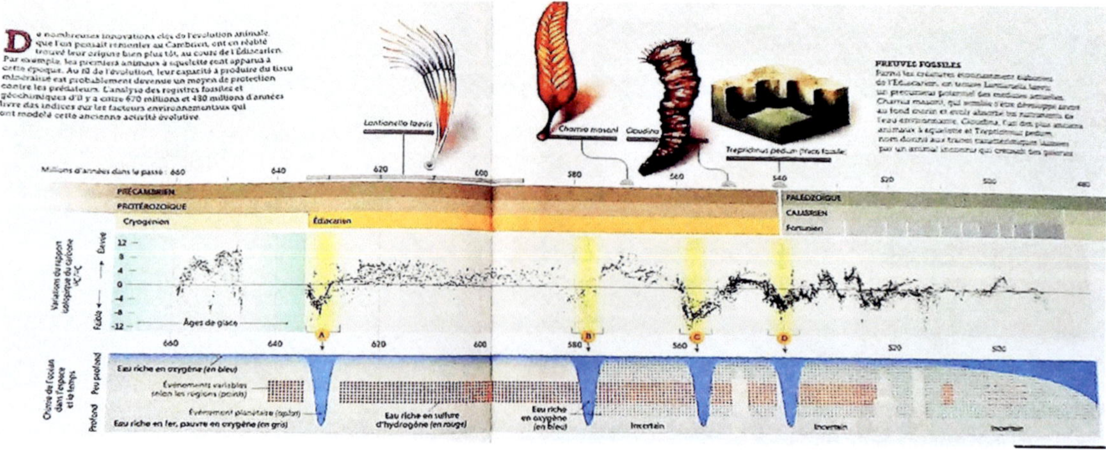

PLS 502

-635 M.a : La Terre était une boule de neige cosmique à -50°C, et cela pendant 10 millions d'années. *PLS 486* La concentration en CO^2 va baisser fortement pendant que l'oxygène va croître.

-600 M.a : Tous les eucaryotes descendraient des survivants du Néo-protérozoïque qui auraient trouvé refuge dans des sources chaudes.

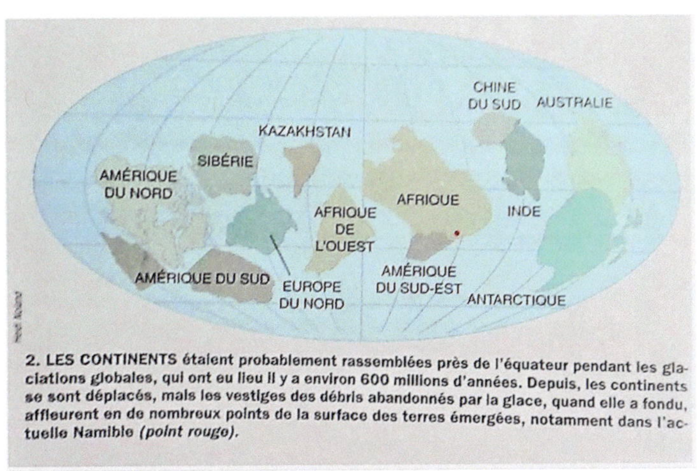

PLS268

-580 M.a : L'ancêtre des Mousses (plantes sans racines, elles s'ancrent sur les rochers), des fougères, des conifères, des plantes à fleurs et de certaines algues, à venir, aurait eu un mode de vie terrestre. À la surface de rochers des micro-algues et des bactéries étaient photosynthétiques tandis que d'autres se nourrissaient des algues. *PLS 494*

 Les Algues sont des organismes vivants en général aquatiques capables de photosynthèse à oxygène ; le nombre d'espèces étant considérable (1 M. ?) les algues constituent une part importante de la biodiversité.

- 570 M.a : Les microfossiles de *Doushantuo* en Chine *LR 461* et les organismes à corps mous de *Terre Neuve* mesurant de quelques centimètres jusqu'à 1m sous la forme de feuilles maximisant leur surface fractale *PLS 502* révèlent des organismes marins intermédiaires entre animaux et unicellulaires.

-560 M.a : Des formes vivantes mobiles aquatiques apparaissent se nourrissant d'algues.

PLS502

La Terre passe d'un monde majoritairement bactérien à des écosystèmes dominés par les algues unicellulaires se nourrissant de bactéries et ayant une membrane résistante aux variations de température qui pouvaient coloniser la surface de la terre *PLS 502*

-541 M.a à -252 M.a : ère du Phanérozoïque qui se subdivise en :

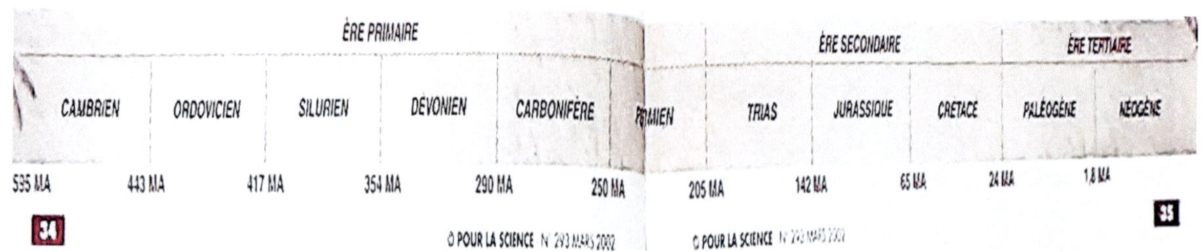

PLS 293

L'EXPLOSION DE LA VIE

-541 à -443 M.a Paléozoïque ou *ère Primaire* elle-même subdivisée en :

-541 à -485 M.a : **Cambrien** (ou 575 à 525 millions d'années)

-540 à -515 M.a.: L'incroyable explosion de la vie !

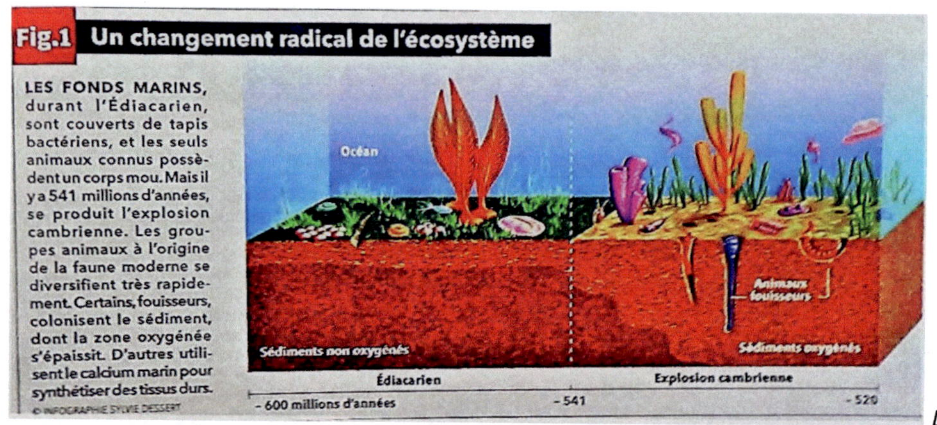

LR 482

-540 M.a : Les Arthropodes, animaux à pattes articulées, regroupent 78% du règne animal; leur histoire remonte à 540 millions d'années ; ils constituent la plus grande biomasse avec, en milieu marin les crustacés, le krill, et sur terre, à venir, les trilobites, les arachnides, les insectes, les acariens, les sauterelles. Ils avaient un intestin et des glandes digestives. *LR 496*

-530 M.a : les Céphalopodes sont apparus (mollusques à tentacules : pieuvre, calmar...). *PLS492*

Des animaux vertébrés aquatiques ayant un crâne apparaissent (gisement de fossile de *Chengjiang Chine*) et on trouve des éponges et des cnidaires à corps mous: méduses, anémones de mer, coraux sur le site de *Qingjiang* *LR 536, 547*

-525 M.a. : Une paire d'yeux pointent en avant sur un arthropode marin avec coquille bivalve en Chine.

-515 M.a. : Dans des fossiles australiens on a trouvé des yeux de cette époque ressemblant aux yeux à facettes des mouches. La fonction vision est là. *LR 455.* On a trouvé des fossiles de trilobites à *Tatelt* au Maroc PLS562

-500 M.a : Les champignons filamenteux permettent la colonisation des surfaces terrestres par les plantes.*LR 534* Les « poissons » n'ont ni mâchoires ni dents *PLS 512*. Les tardigrades sont là SV 898 Apparition des rossettes, caelacanthes PLS559

-500 à -450 M.a : Les premières formes de vie animale gagnent la terre ferme. D'étranges créatures apparaissent, ancêtres de toutes celles qui peuplent notre planète aujourd'hui ; les premières faunes fossilisées sont celles de Burgess au Canada, au Brésil, et celles en Chine ou en Australie, en Namibie. Aux côtés d'animaux classiques tels les éponges, oursins, mollusques, vers,…, on trouve des organismes révélant des squelettes externe et interne et d'autres qui n'ont pas eu de descendances. *PLS 502* La diversité de la vie est apparue brusquement à cette époque.

L'atmosphère est devenue suffisamment épaisse pour filtrer les ultraviolets. Les premières plantes s'adaptent bien au milieu terrestre.

Zélandia est un continent contenant la Nouvelle Zélande, et la Nouvelle Calédonie

485 à -443 M.a :   **Ordovicien**

-485 M.a : Les pieuvres sont là ; l'ancêtre des myxines (animaux aquatiques sans colonne vertébrale ni mâchoire) et lamproies (poissons sans mâchoires), nécrophages des fonds marins ayant la forme de vers ou d'anguilles apparait. Ce sont pourtant des précurseurs de vertébrés. *PLS 504*

- 480 à 450 M.a : Une explosion d'innovations génétiques par transfert de gènes chez les mousses et algues a entrainé la conquête du milieu terrestre, ces groupes ayant deux gènes en commun avec les bactéries du sol. Les plantes aquatiques, algues, se sont ainsi hissées sur la terre ferme grâce aussi à une symbiose avec les champignons. *LR555, PLS 494, 507.* C'est donc l'arrivée des végétaux terrestres.

 Les algues qui ne pouvaient pas être en symbiose avec les champignons n'ont pas pu s'adapter et ont dû retourner à l'eau.

-455 M.a : Une ère de glaciation va durer pendant 15 millions d'années.

-450 M.a : L'histoire des insectes va commencer puisque les premières formes de vie gagnent la terre ferme. Les insectes sont-ils parents des myriapodes (mille pattes) ou issus des crustacés ?

On trouve des animaux munis de dents et d'une paire de membres antérieurs.

-443 à -419 M.a :   **Silurien** des poissons vertébrés ont mâchoires et nageoires PLS 542

-429 M.a. : L'œil des arthropodes est sphérique comme chez les insectes ou crustacés actuels.

-420 M.a : Apparition chez certains animaux d'une paire de membres postérieurs.

-419 à -359 M.a : **Dévonien**

Les plus anciennes plantes fossiles sans feuilles ni racines datent de là (Ecosse) *PLS 494* Les plus anciens insectes datent du Dévonien : des insectes sans ailes.

-419 M.a. : Un poisson possédait une mâchoire osseuse et une tête blindée par des plaques ressemblant à des dents : ce serait un des premiers vertébrés. *PLS 512* Des dents émaillées apparaissent.

-400 à 70 M.a : Les cœlacanthes sont de lignée ancienne disparue et récemment réapparue avec de grandes modifications.

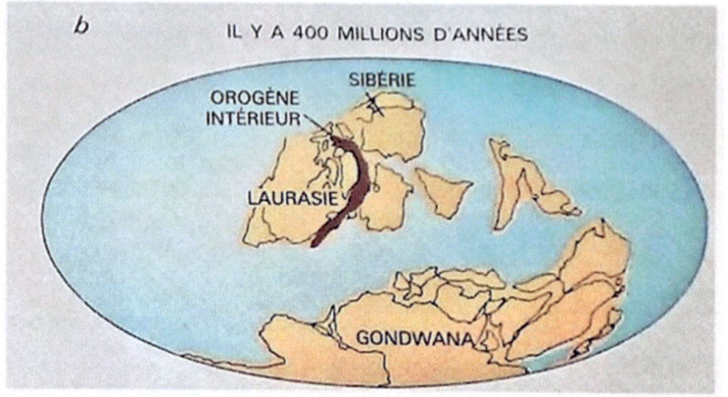

PLS 176

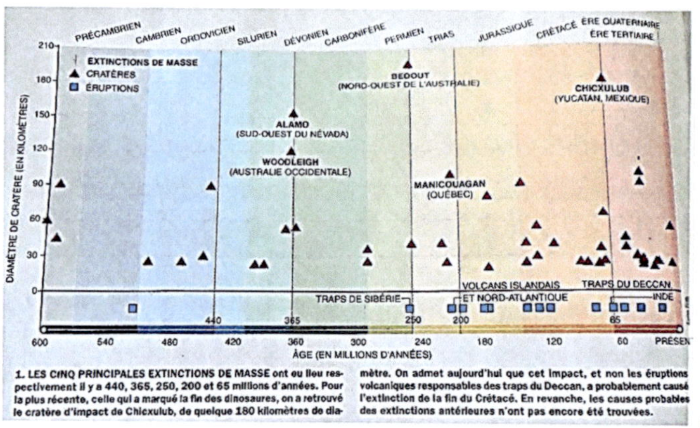

PLS295

-395 à -362 M.a. : Certains poissons évoluent progressivement vers les tétrapodes (« les quatre pattes »); les nageoires se sont transformées en pattes *PLS 340.*

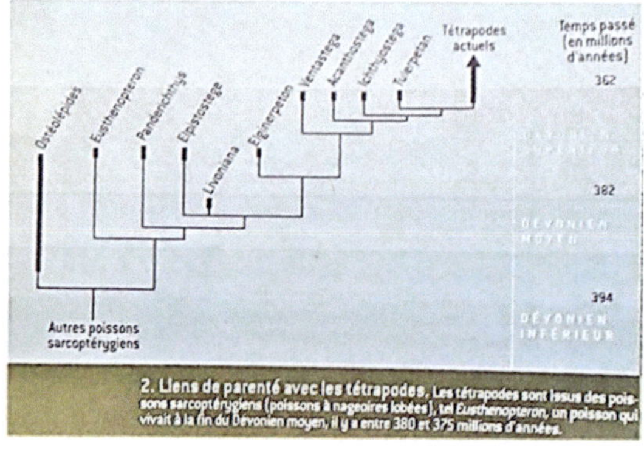

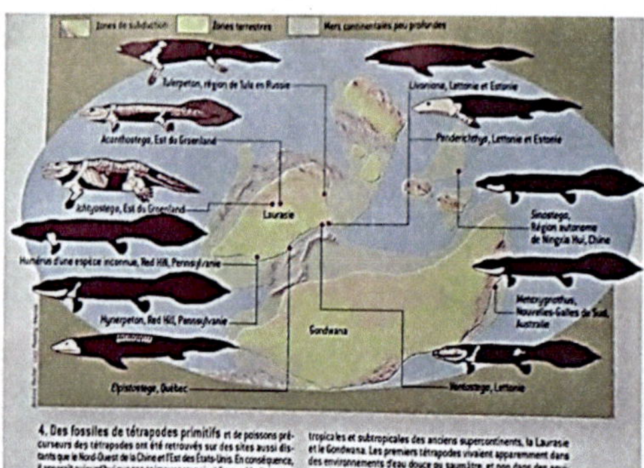

PLS 340

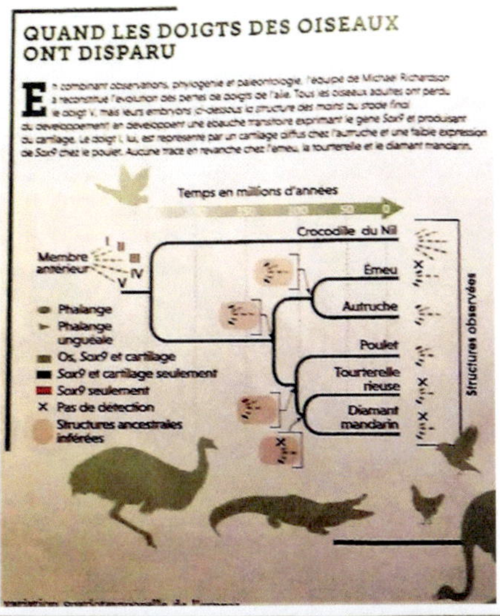

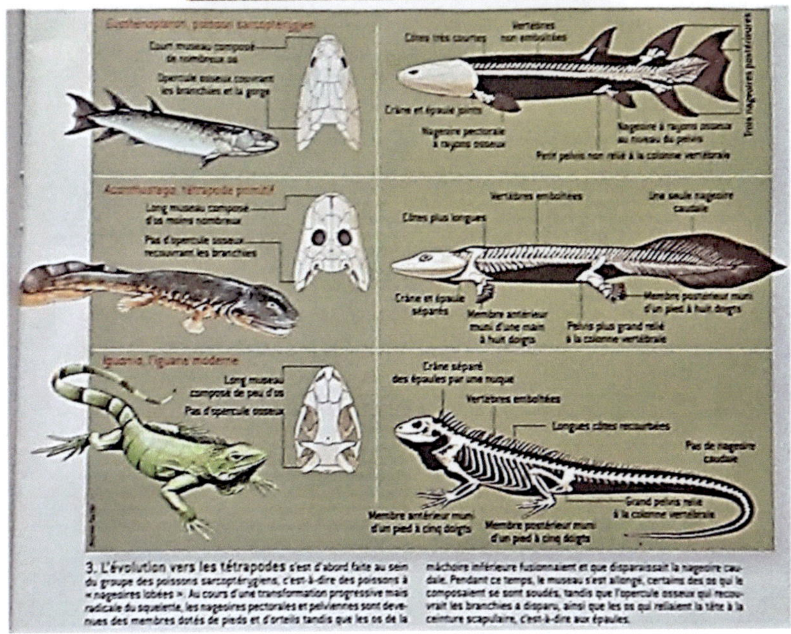

3. L'évolution vers les tétrapodes s'est d'abord faite au sein du groupe des poissons sarcoptérygiens, c'est-à-dire des poissons à « nageoires lobées ». Au cours d'une transformation progressive mais radicale du squelette, les nageoires pectorales et pelviennes sont devenues des membres dotés de pieds et d'orteils tandis que les os de la mâchoire inférieure fusionnaient et que disparaissait la nageoire caudale. Pendant ce temps, le museau s'est allongé, certains des os qui le composaient se sont soudés, tandis que l'opercule osseux qui recouvrait les branchies a disparu, ainsi que les os qui reliaient la tête à la ceinture scapulaire, c'est-à-dire aux épaules.

-385 M.a : Une vaste forêt d'arbres géants recouvrait l'État de New York.

-375 M.a : Les tétrapodes marins descendent des poissons à nageoires charnues. Des tétrapodes originaires de milieu marin gagnent la terre à partir de marais, lagunes ou estuaires dans les chaleurs du Groenland PLS 490. Le *Tiktaalik* est un poisson qui a des traits propres aux tétrapodes, les nageoires prennent une forme plus charnue avec de puissants muscles PLS 509

Les Tétrapodes sont des animaux vertébrés ayant deux paires de membres avec des doigts, des vertèbres cervicales, une articulation à l'épaule et une respiration pulmonaire : les « quadrupèdes». Remarque : certains animaux ne respirent pas d'air.

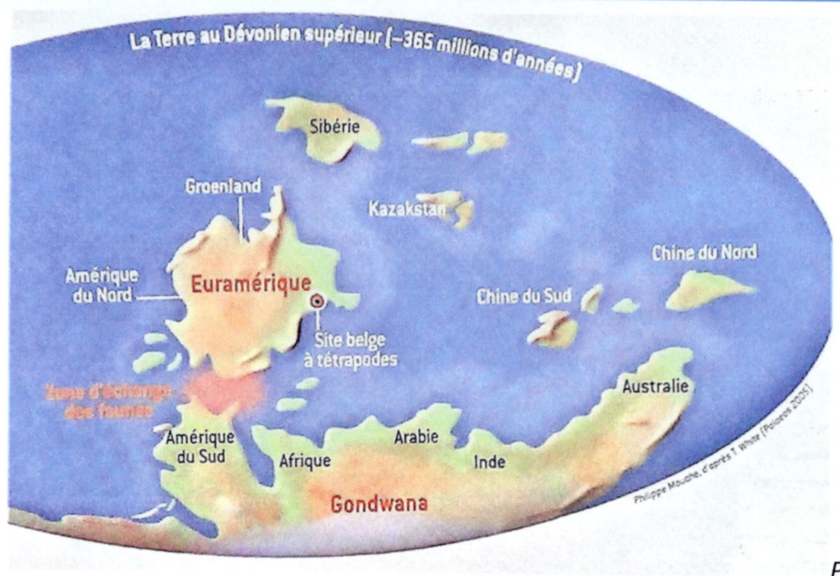

PLS3

AVANT LA VENUE DES MAMMIFÈRES

-359 à -289 M.a : **Carbonifère**

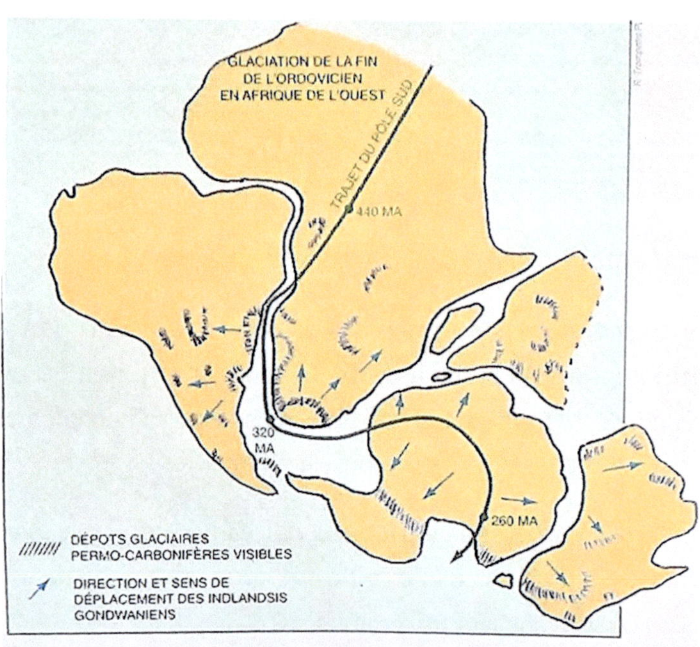

6. GLACIATION DU PERMO-CARBONIFÈRE. Entre 500 et 250 millions d'années, le pôle Sud, dont le trajet est retracé *(en vert)* à l'aide de données paléomagnétiques, traverse le Gondwana du Nord au Sud. Autour de 440 millions d'années (Ordovicien supérieur), il se situe au milieu du Sahara induisant une glaciation en Afrique de l'Ouest. Entre 360 et 250 millions d'années (Carbonifère et Permien), il longe les côtes occidentales de l'Afrique du Sud et traverse l'Antarctique. La glaciation engendrée est la plus importante que la Terre ait connue. Elle se propage en suivant fidèlement le déplacement du pôle. Par commodité graphique, les géologues représentent les déplacements du pôle. En réalité, celui-ci est quasi fixe, et ce sont les continents qui sont mobiles et viennent traverser la zone polaire. Les dépôts glaciaires sont plus étendus que ceux figurés ; ils sont en partie masqués par les couvertures plus récentes.

PLS 252

-360 M.a. : séquestration du Co2 LR 567

Il y a trois périodes clefs de l'histoire de l'évolution des insectes : le Carbonifère avec l' « invention » de l'aile et du vol, puis plus tard le permo-Trias avec celle du stade nymphal et ensuite le Crétacé avec la pollinisation par les insectes et l'arrivée des insectes sociaux.

Les insectes du Carbonifère sont de petits animaux à six pattes de dimensions comparables aux insectes modernes, sauf quelques géants. La faculté de voler les a aidés à échapper aux prédateurs terrestres et à aller partout.

-360 M.a : L'organe « main » apparait chez certains animaux. *LR 536*

Un groupe de poissons s'aventure sur terre *LR 493*. D'autres, des requins, disparaissent ou passent d'eau de mer à eau douce ou inversement.

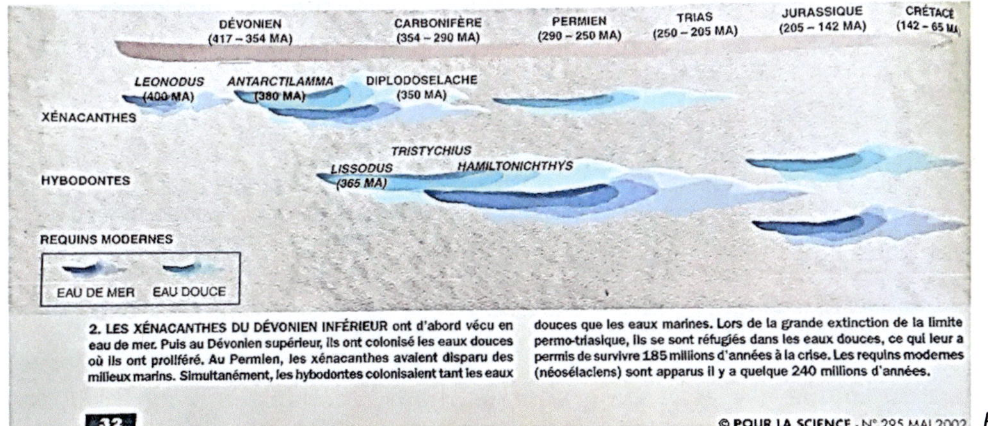

2. LES XÉNACANTHES DU DÉVONIEN INFÉRIEUR ont d'abord vécu en eau de mer. Puis au Dévonien supérieur, ils ont colonisé les eaux douces où ils ont proliféré. Au Permien, les xénacanthes avaient disparu des milieux marins. Simultanément, les hybodontes colonisaient tant les eaux douces que les eaux marines. Lors de la grande extinction de la limite permo-triasique, ils se sont réfugiés dans les eaux douces, ce qui leur a permis de survivre 185 millions d'années à la crise. Les requins modernes (néosélaciens) sont apparus il y a quelque 240 millions d'années.

© POUR LA SCIENCE - N° 295 MAI 2002 *PLS295,,,*

-359 à -299 M.a : Des prêles et fougères abondent et formeront les épaisses couches de charbon.

-335 M.a : Une ère de glaciation commence et dure pendant 55 millions d'années.

-322 M.a : L'apparition d'amnios, l'enveloppe autour d'un embryon, date de là. Les premiers vertébrés terrestres étaient de petits animaux insectivores ou carnivores *LR489*

-300 M.a : l'Europe et l'Amérique du Nord se trouvaient au niveau de l'équateur et couvertes d'épaisses forêts chaudes et humides qui deviendront des bassins houillers. La Bretagne se trouvait au niveau de l'équateur et à l'altitude des Alpes. *LR 552*

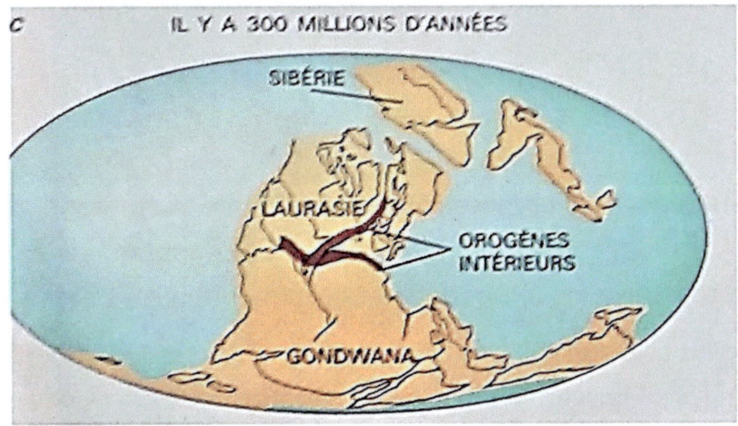

PLS 17

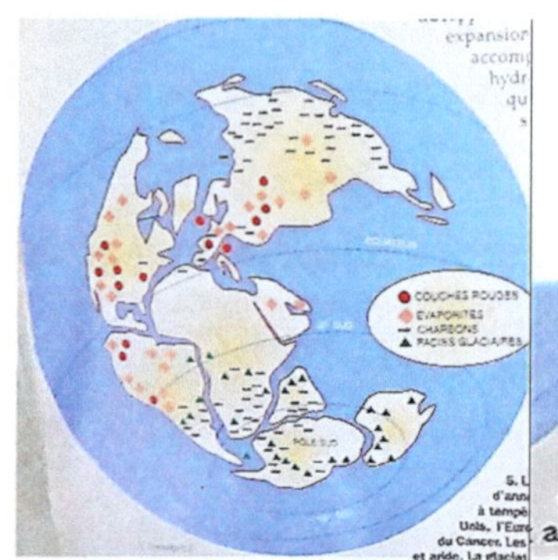

PLS 252

Au Permien sont apparus les papillons, les coléoptères et névroptères : scarabées, hannetons, coccinelle. Les insectes à métamorphose complète passent alors par un stade de chrysalide ; leur développement représente 90% de la classe des insectes.

La lignée de l'Euthériodonte, animal à quatre pattes, donnera naissance aux cynodontes comprenant des herbivores et des carnivores (traversodontidés et chiniquodontidés) qui, eux-mêmes donneront naissance plus tard aux mammifères.

- 270 M.a : C'est l'origine des arbres à feuilles toxiques. Il y a de nombreuses fougères en Pennsylvanie.

Avant l'ère du mésozoïque il y avait de grands animaux rampants à sang froid, couverts d'écailles sur Terre.

-252 M.a. à - 66 M.a. : ère Mésozoïque ou *ère secondaire* subdivisée en :

-252 à -201 M.a : **Trias**   Trias : 250_142

-252 M.a : 95% des animaux du Permien vont périr à la suite d'éruptions multiples de volcans. Les fonds marins perdent l'oxygène ; d'où disparition drastique d'espèces marines. Les petits reptiles et amphibiens ont résisté PLS 495. Néanmoins la Terre abrite déjà plusieurs millions d'espèces.

Au début du Trias les paléodictyoptères (ordre d'insectes disparu) avaient disparus en dehors des odonates (libellules) et éphémères (les plus anciens insectes ailés) ; les insectes se diversifient et prennent leur aspect actuel. Il y a eu explosion d'autres groupes. En 20 millions d'années il y a eu des cloportes, des scorpions, des araignées…

Des grands amphibiens, reptiles à peau bosselée, carnivores précurseurs se trouvent en Sibérie.

-250 M.a : Les amniotes (animaux dont l'embryon est recouvert d'une membrane, dont crocodiles, oiseaux, mammifères, …) diffèrent des amphibiens et se développent peu à peu ainsi que les animaux à écailles (lézards, serpents…).Des ancêtres de mammifères hibernaient.

On aurait pu gagner à pied presque tous les continents réunis dans *la Pangée*. Le monde était chaud sans glace aux pôles ; il faisait froid l'hiver et très chaud l'été près de l'équateur.

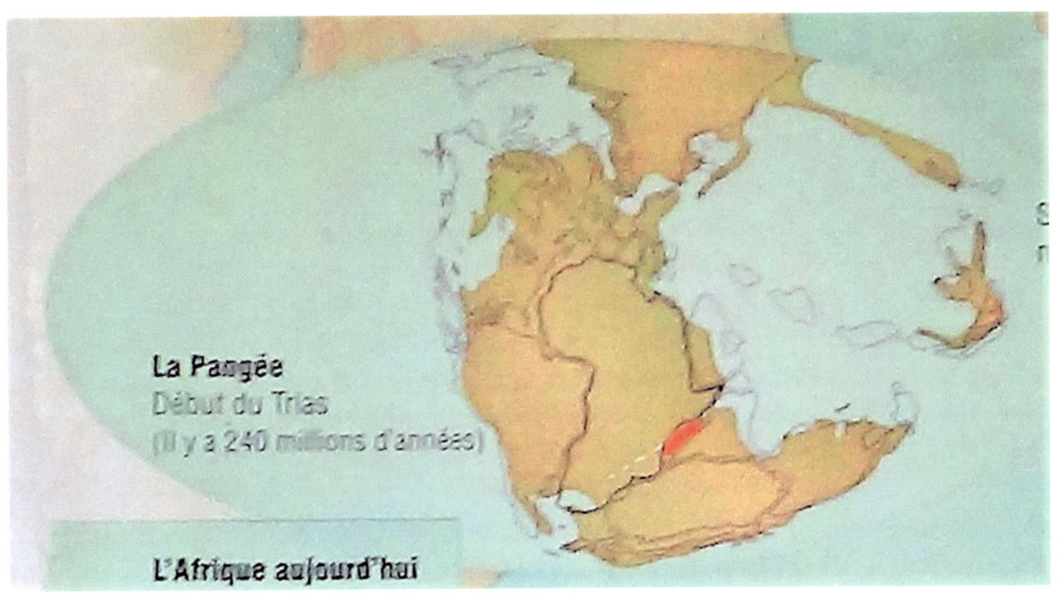

PLS N 294   La Pangée va durer jusqu''en -200 M.a.

DE LA NAISSANCE DES MAMMIFÈRES À CELLES DES DINOSAURES ET DES OISEAUX

Du Trias au Cénozoïque : Sur Terre apparurent des animaux assez proches de l'homme.

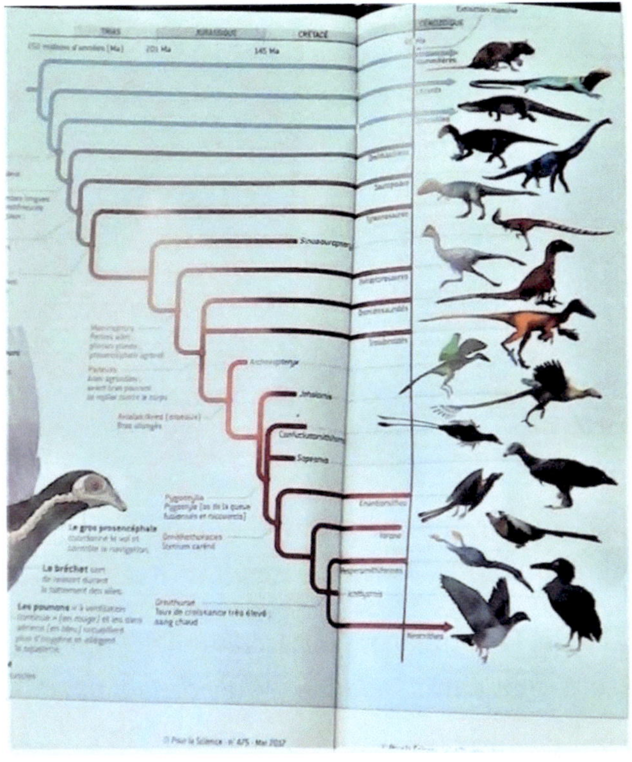

PLS 495

Les Archosaures sont des tétrapodes qui se sont séparés en deux lignées sur la Pangée : celle qui aboutit aux crocodiles et celle qui aboutit aux dinosaures et aux oiseaux.

-240 M.a : Une tortue sans bec avec blindage ventral semi-rigide découverte en Chine ; les tortues seraient une ramification d'ancêtres plus lointains. *PLS 492*

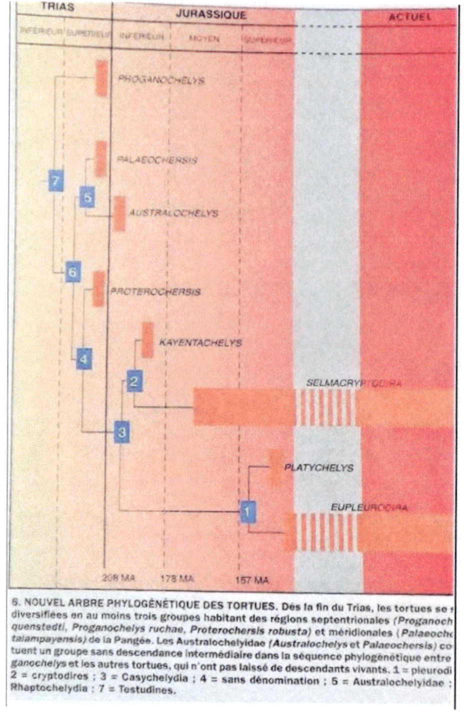

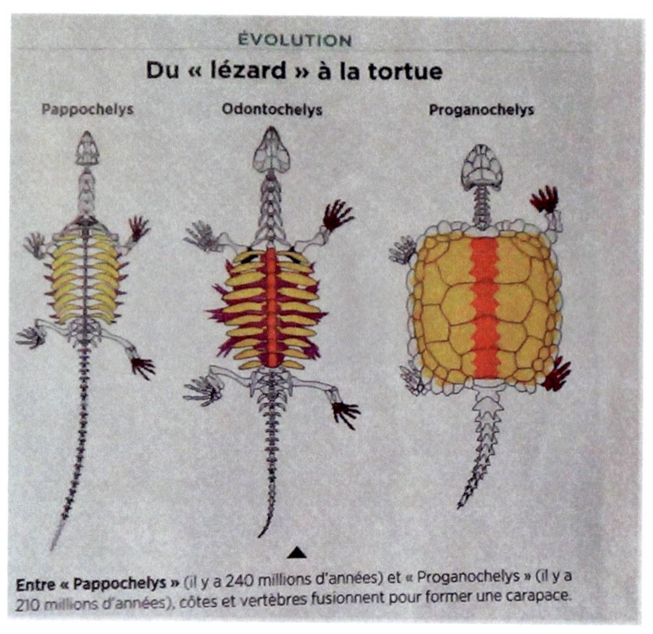

PLS 249

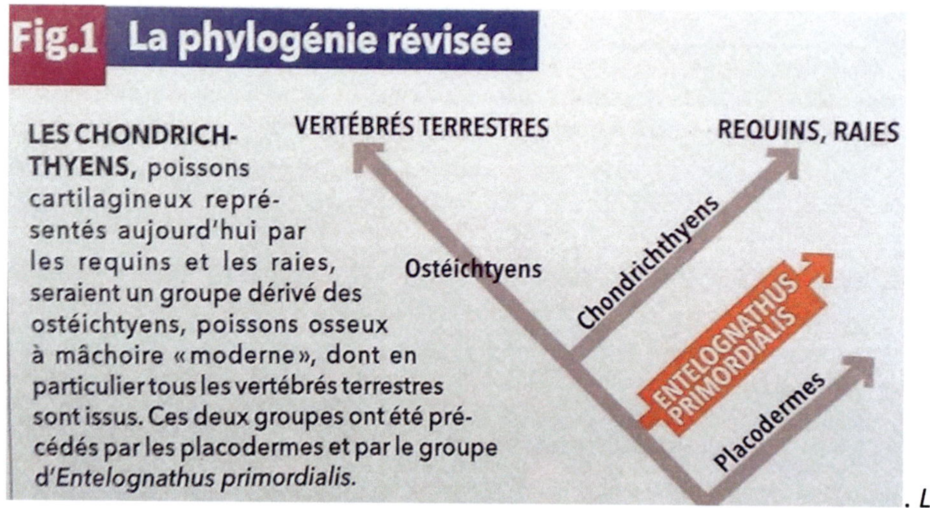

. LR 483

-245 à - 66 M.a. : C'est l'époque des dinosaures ayant une posture dressée comme les mammifères à sang chaud et pouvant soutenir une forte activité. *PLS 348*

-240 M.a : Madagascar est encore lié à l'Inde, l'Australie et l'Antarctique ; et l'Amérique du Sud se sépare de la Pangée se scindera en sous-continents *Icelandia, Walvia, Zealandia* (Nouvelle Calédonie, Nouvelle Zélande).

2. **NI REPTILE NI MAMMIFÈRE**, ce traversodontidé vivait à Madagascar, il y a 230 millions d'années. Il avait à peu près la taille d'un léopard. Avec ses solides incisives, il fauchait les herbes qu'il broyait ensuite entre ses larges molaires.

PLS 294

- 225 à 190 M.a : Il y avait des dinosaures, les pro-sauropodes de la taille d'un chat qui ont été les précurseurs des sauropodes, les dinosaures gigantesques ; les rhyncho-saures et traversodontidés herbivores, animaux quadrupèdes de 1 à 3m broutaient ; les ino-saures n'étaient pas présents dans la région de l'équateur de la Pangée (qui donnera le Brésil, l'Algérie, le Maroc…) mais plutôt dans des forêts humides ou des déserts entourés d'autres animaux géants diversifiés et des ancêtres des crocodiles. *PLS495*

-220 M.a : Au Trias, la *Pangée* commençait à se séparer en *Laurasie* au nord et en *Gondwana* au sud ; l'Amérique du Nord est encore liée au Gondwana. En Europe, les mers chaudes entourent des iles éparses.

Le champ magnétique terrestre s'est inversé plusieurs fois depuis cette époque.

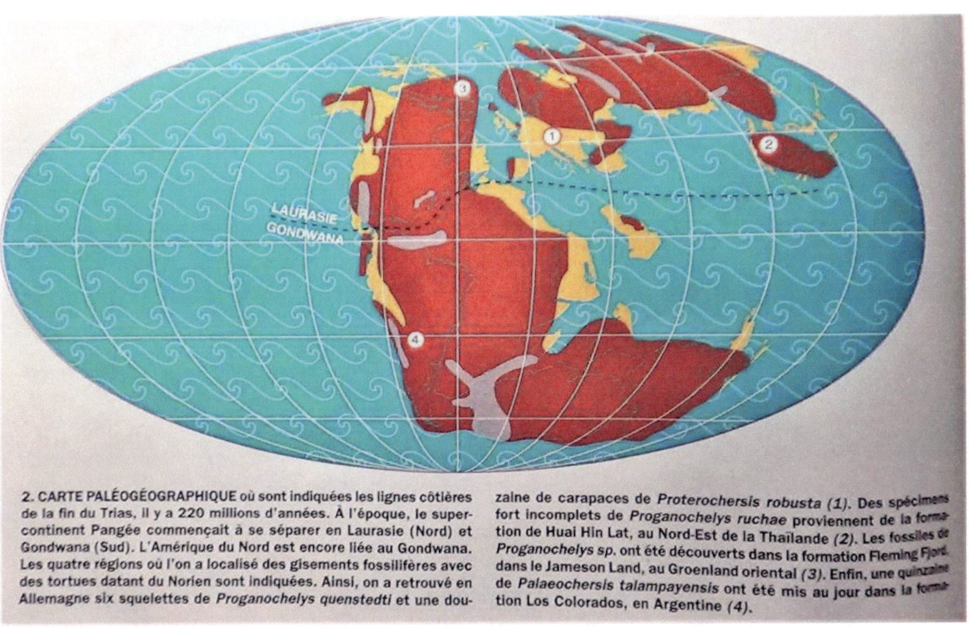

2. **CARTE PALÉOGÉOGRAPHIQUE** où sont indiquées les lignes côtières de la fin du Trias, il y a 220 millions d'années. À l'époque, le supercontinent Pangée commençait à se séparer en Laurasie (Nord) et Gondwana (Sud). L'Amérique du Nord est encore liée au Gondwana. Les quatre régions où l'on a localisé des gisements fossilifères avec des tortues datant du Norien sont indiquées. Ainsi, on a retrouvé en Allemagne six squelettes de *Proganochelys quenstedti* et une douzaine de carapaces de *Proterochersis robusta (1)*. Des spécimens fort incomplets de *Proganochelys ruchae* proviennent de la formation de Huai Hin Lat, au Nord-Est de la Thailande *(2)*. Les fossiles de *Proganochelys sp.* ont été découverts dans la formation Fleming Fjord, dans le Jameson Land, au Groenland oriental *(3)*. Enfin, une quinzaine de *Palaeochersis talampayensis* ont été mis au jour dans la formation Los Colorados, en Argentine *(4)*.

PLS N 249

-200 M.a. : les diatomées mortes sédimentent au fond des mers IR 567

Les ptérosaures, des reptiles volants, ont vécu et volé au temps des dinosaures (mésozoïque et 100 M.a. avant les oiseaux) et ont disparu en même temps qu'eux il y a 66 millions d'années. L'envergure de ces animaux volants passait de celle d'un moineau à plus de 10 m ! Ils étaient les maitres du ciel. *PLS 507*. Les ptérosaures sont maitres du ciel il y a 66 M.a.   Leur aile est une membrane tendue par un seul doigt alors que pour la chauve-souris (c'est un mammifère) la membrane est tendue par 4 doigts, et que les ailes des oiseaux ont des plumes et des os creux. Néanmoins ils avaient des téguments, structures formées par la peau origine des plumes.Ils ont quelques dizaines de kg pour une envergure de 10 m…. Il existe des fossiles en Bavière, Chine, Brésil, dans le Lot…. Ils ont eu différents types de vol, de crêtes ; ce sont des animaux à sang chaud…. Sur terre ils se déplaçaient à 4 pattes. *PLS 321*

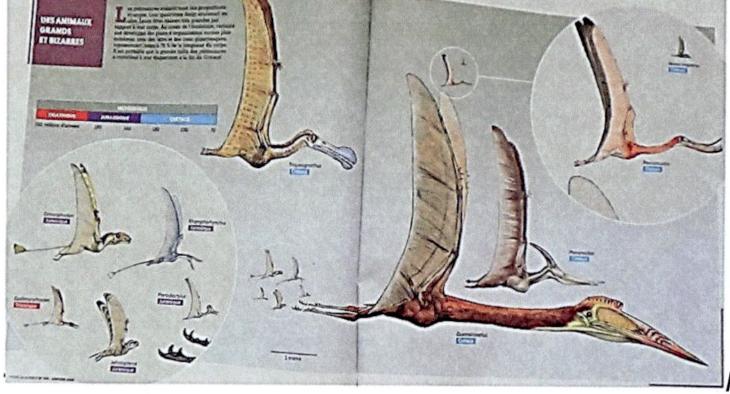

PLS507

-214 M.a. : Les premières plantes angiospermes à fleurs et fruits apparaissent ; elles donneront les familles des céréales et des légumineuses *LR523* Il y aura plus de   320 000 espèces.

-201 à -145 M.a : **Jurassique**   Jurassique, 142_65

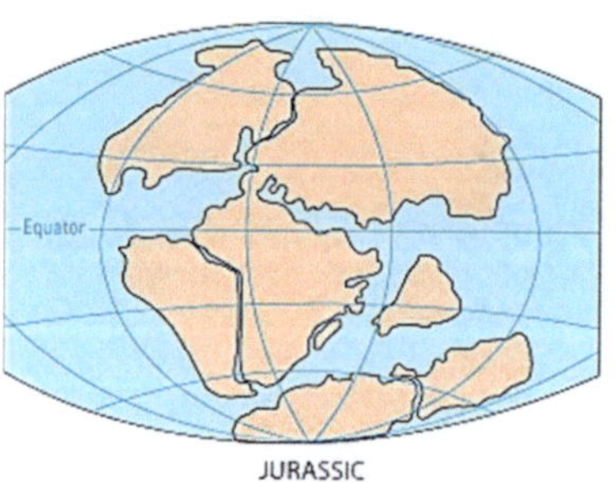

Wilkipédia

-200 M.a : Des calmars ont laissé de l'encre fossilisé. On trouve des traces de seiches.

Les Dinosaures carnivores auraient augmenté de taille et fini par dominer les écosystèmes du Jurassique, grâce à un impact météorique. Un dinosaure *Dryausorus* aurait traversé l'Europe, la Normandie, l'Afrique et l'Amérique, ces continents étant encore reliés. *PLS 238, 298.*

Un ancêtre commun aux hominidés et aux reptiles existait alors. *LR 553.*

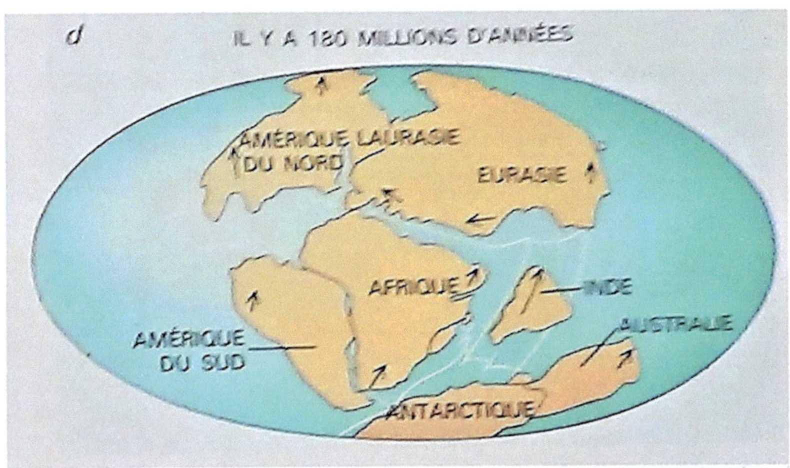

PLS 176

Des éruptions volcaniques sont à l'origine d'extinctions importantes *PLS 477*

190 M.a. Des animaux monotrèmes (un seul trou pour anus et vagin) existent dont il reste 5 espèces PLS 564

-170 M.a : Les serpents ancestraux terrestres descendent du lézard. *PLS 487* Les serpents marins sont munis de membres postérieurs (fossiles de Jérusalem)

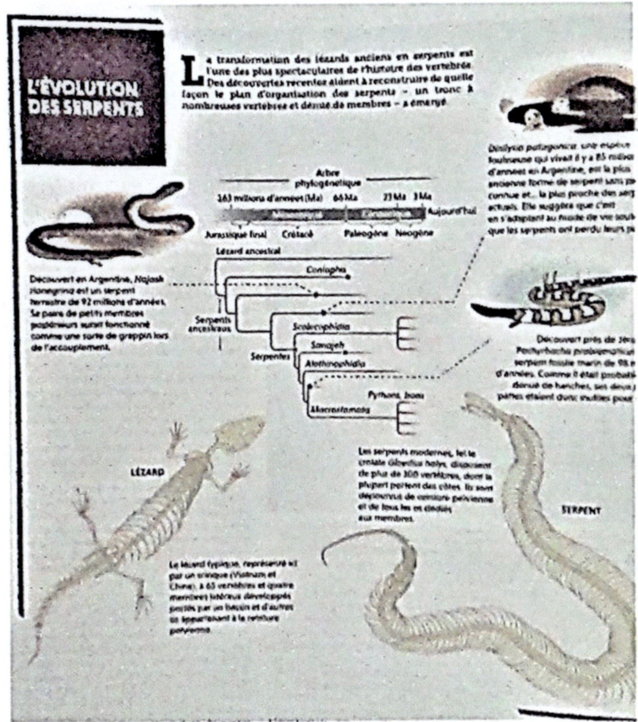

PLS 487

-167 M.a : Les mammifères primitifs sont tout petits. Il existe aussi des marsupiaux PLS 564

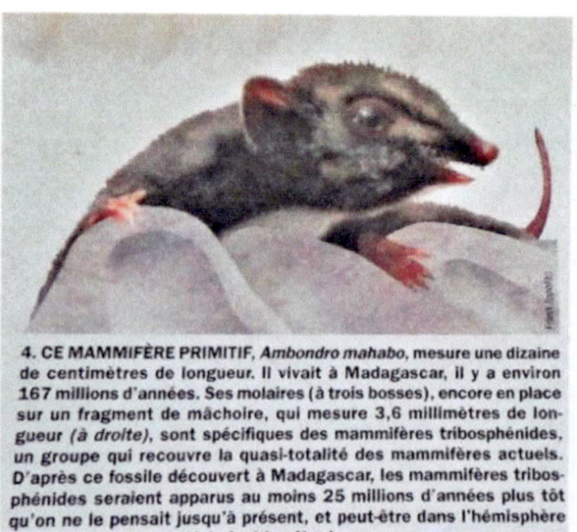

4. CE MAMMIFÈRE PRIMITIF, *Ambondro mahabo*, mesure une dizaine de centimètres de longueur. Il vivait à Madagascar, il y a environ 167 millions d'années. Ses molaires (à trois bosses), encore en place sur un fragment de mâchoire, qui mesure 3,6 millimètres de longueur (*à droite*), sont spécifiques des mammifères tribosphénides, un groupe qui recouvre la quasi-totalité des mammifères actuels. D'après ce fossile découvert à Madagascar, les mammifères tribosphénides seraient apparus au moins 25 millions d'années plus tôt qu'on ne le pensait jusqu'à présent, et peut-être dans l'hémisphère

PLS294

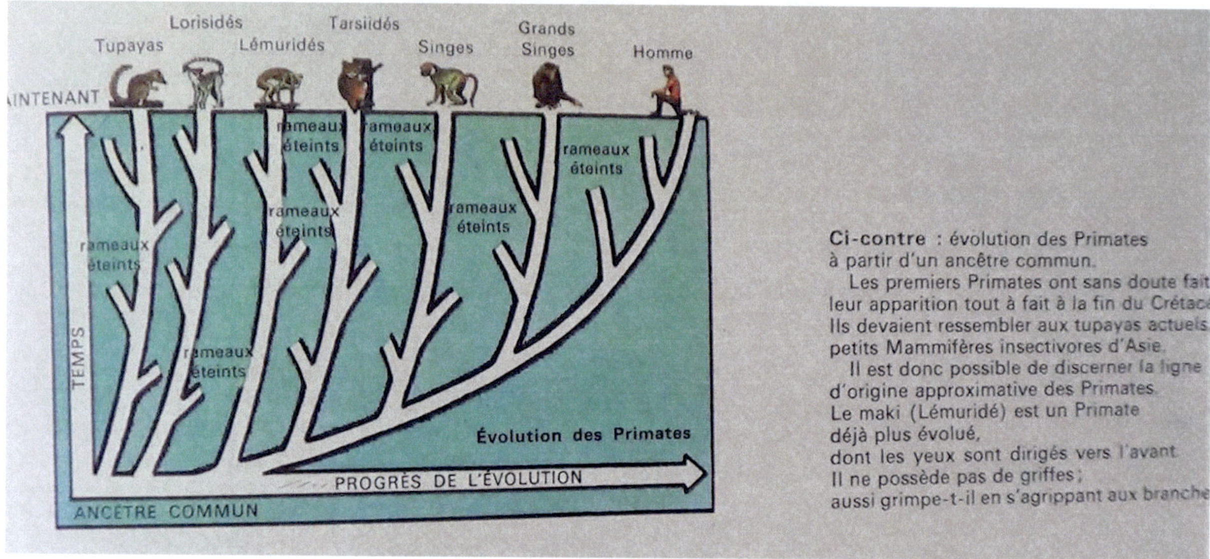

-160 M.a : Un fossile de mammifère placentaire (qui accouche un juvénile) est découvert en Chine, un petit animal de type musaraigne. La divergence entre placentaires et marsupiaux (qui accouchent des larves) a eu lieu à cette époque du Jurassique, époque d'évolution rapide des mammifères.*LR 456*

-155 M.a. : Le dinosaure Anchiornis avait un plumage coloré infesté de tiques. Des tiques infestaient le plumage des dinosaures. Le dinosaure Archaeopteryx premier oiseau mesurant 60 cm est à l'origine des oiseaux. *LR 520*

-150 M.a : Des dinosaures à plumes sont apparus, des Micro-raptor à 4 ailes et des oiseaux. Ils descendent de petits dinosaures carnivores.

-145 à -66 M.a : **Crétacé** (ou Crétacé -65_-25)

La craie, du Crétacé, est formée pour 90% de sa mase de minuscules écailles d'algues unicellulaires planctoniques et d'enveloppes siliceuses de diatomées ;ces algues existent toujours dans le plancton marin froid , nourrissent le krill et fixent l'azote atmosphérique PlS560

C'est au Crétacé que la diversification et le nombre d'insectes exploseront avec l'apparition de la pollinisation !

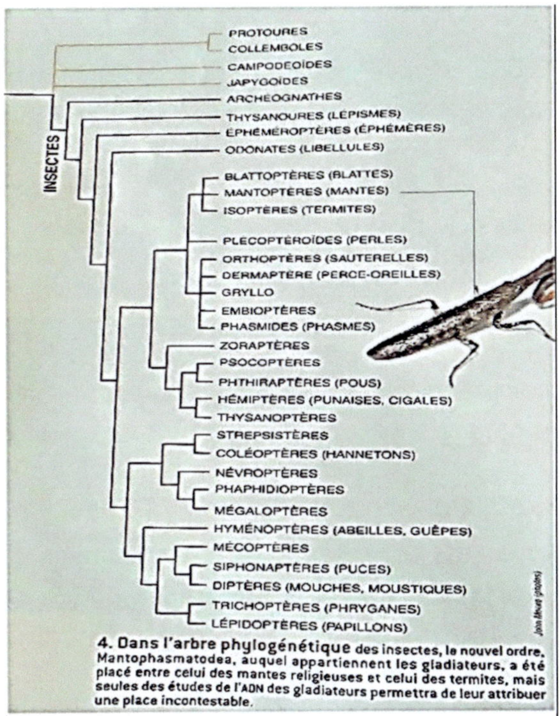

4. **Dans l'arbre phylogénétique** des insectes, le nouvel ordre, Mantophasmatodea, auquel appartiennent les gladiateurs, a été placé entre celui des mantes religieuses et celui des termites, mais seules des études de l'ADN des gladiateurs permettra de leur attribuer une place incontestable.

PLS 293

Au Crétacé le tyrannosaure Rex mesurait 13m de long, 6m de haut et avait une vision stéréoscopique.

Les premiers mammifères datent de la même époque : ils étaient tout petits (taille d'une souris) et plutôt originaires de l'hémisphère sud. Madagascar était intégré à l'Afrique. *PLS 294*

 Les mammifères *euthériens* éléphant, souris, lion, singe forment une famille de .5140 espèces
PLS 564

-140 M.a. : Au début du Crétacé, le *Gondwana* s'est scindée en deux continents à cause de l'amincissement de la croûte terrestre : l'Amérique du sud et l'Afrique. La dérive des continents s'est faite progressivement ; l'eau de l'océan s'est engouffrée dans l'espace il y a moins de 100 millions d'années ; la dérive continue : l'Afrique rencontre l'Europe et l'Amérique du Sud rencontre celle du Nord.   Il restera longtemps un corridor entre le Brésil et le Cameroun ¨PLS563

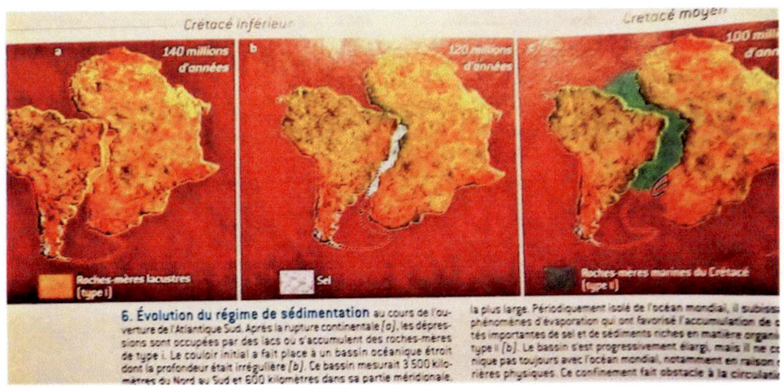

6. **Évolution du régime de sédimentation** au cours de l'ouverture de l'Atlantique Sud. Après la rupture continentale (a), les dépressions sont occupées par des lacs ou s'accumulent des roches-mères de type I. Le couloir initial a fait place à un bassin océanique étroit dont la profondeur était irrégulière (b). Ce bassin mesurait 3 500 kilomètres du Nord au Sud et 600 kilomètres dans sa partie méridionale. la plus large. Périodiquement isolé de l'océan mondial, il subissait des phénomènes d'évaporation qui ont favorisé l'accumulation de ... tés importantes de sel et de sédiments riches en matière organique type I (b). Le bassin s'est progressivement élargi, mais il ne communique pas toujours avec l'océan mondial, notamment en raison de ... rières physiques. Ce confinement fait obstacle à la circulation ...

PLS 307

- 130 M. a. : Des insectes pratiquaient le camouflage comme aujourd'hui. *LR 515*

Il y avait des mammifères, des mollusques, crustacés, requins, amphibiens et tortues près de *Cognac* (Fr).

Il y a aujourd'hui plus de 12 000 espèces de poissons osseux, le plus grand groupe de vertébrés ! Mais dans le groupe des placozoaires, minuscules animaux aquatiques, il n'y a qu'une seule espèce !

-100 M. a. : Le continent Europe est né, mais le niveau des océans étant élevé, l'Europe n'est qu'un petit archipel où des créatures terrifiantes vivent ; les espèces vivantes, animaux et plantes, migrent de régions à d'autres, certaines s'éteignent.

Patagotitan est le dinosaure le plus grand au monde (60 t); il vivait herbivore en Patagonie alors chaud et recouvert de végétation *LR530*

Les insectes représentent 85% de la diversité des animaux (30 millions d'espèces !). Ce sont les maitres du monde, omniprésents, adaptés à tous les milieux, faisant fonctionner les écosystèmes. Attention avec les insecticides, ne sommes-nous pas en train de détruire la Biosphère ?

L'ancêtre des oiseaux est : l'Archéoptéryx un dinosaure. Les oiseaux descendent de petits dinosaures carnivores du groupe des théropodes, donc sont des reptiles avec des dents

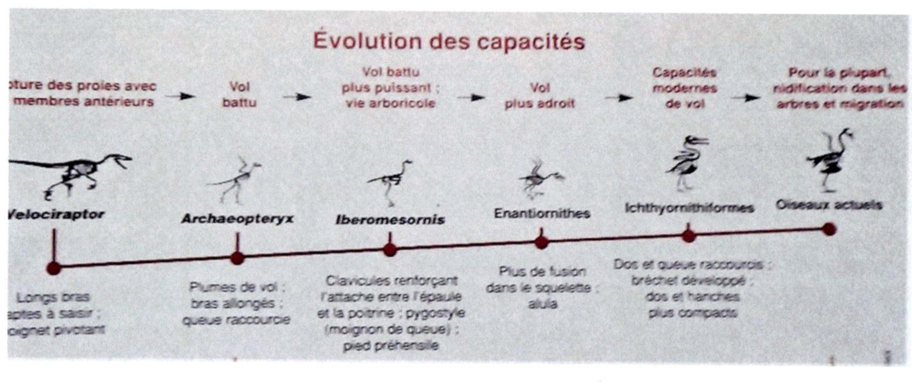

Il y a aujourd'hui plus de 9900 espèces d'oiseaux ; c'est un grand groupe de vertébrés.

Il existe trois clades : la famille des noaves (95% des oiseaux, réunion de 5 groupes), celle des autruches, et celle des gallinacées (canards, oies et poulets…).

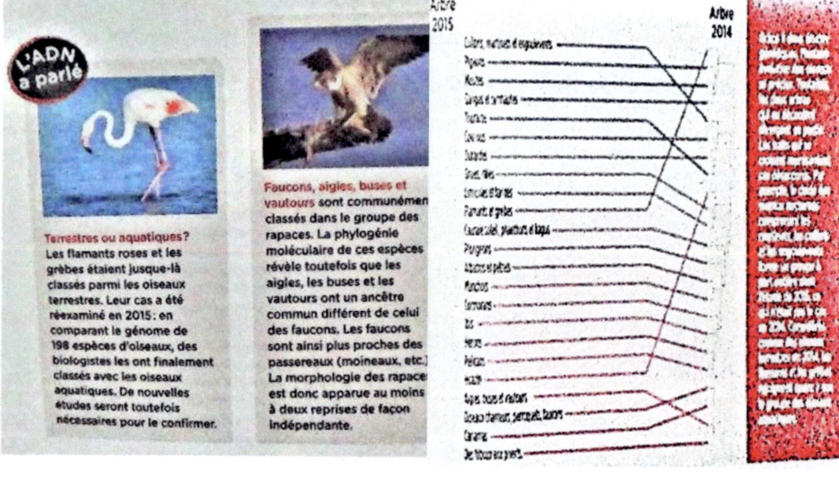

LR 506

Des crânes qui ont été découverts à *Xuchang* (Chine) appartiendraient à des ascendants d'Homo Erectus *LR 523*

- 96 M.a : Un dinosaure de 1,2 m de hauteur, 78 kg découvert aux *E.U.* ; rapide c'est un prédateur redoutable *LR 546*

-92 M.a : Un petit serpent à pattes se promène sur terre.

- 90 M.a : L'Inde et Madagascar se séparent. L'Antarctique est recouvert d'une forêt humide ; le niveau de la mer est très haut (170m de plus qu'aujourd'hui) et la Terre est chaude : 25°C en moyenne annuelle.

-85 M.a : Le premier serpent enfouisseur sans pattes est apparu sur terre.

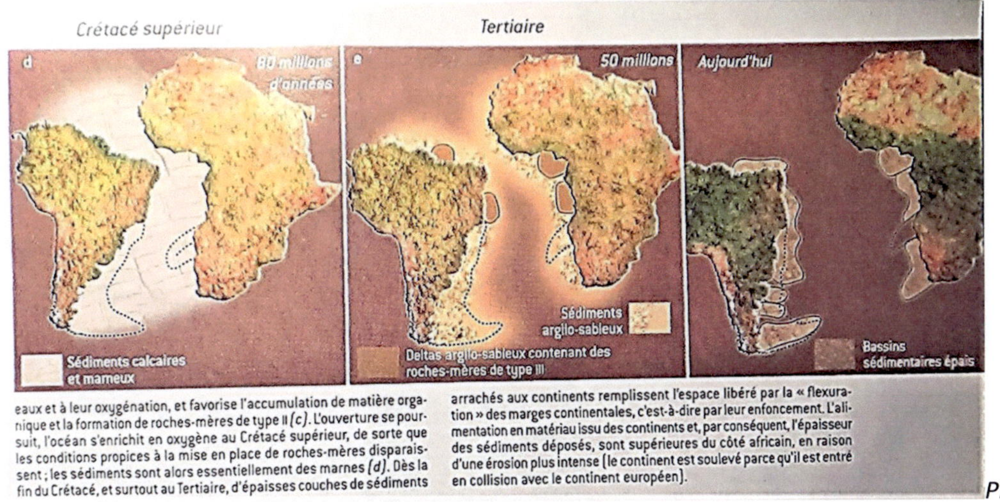

eaux et à leur oxygénation, et favorise l'accumulation de matière organique et la formation de roches-mères de type II *(c)*. L'ouverture se poursuit, l'océan s'enrichit en oxygène au Crétacé supérieur, de sorte que les conditions propices à la mise en place de roches-mères disparaissent ; les sédiments sont alors essentiellement des marnes *(d)*. Dès la fin du Crétacé, et surtout au Tertiaire, d'épaisses couches de sédiments arrachés aux continents remplissent l'espace libéré par la « flexuration » des marges continentales, c'est-à-dire par leur enfoncement. L'alimentation en matériau issu des continents et, par conséquent, l'épaisseur des sédiments déposés, sont supérieures du côté africain, en raison d'une érosion plus intense (le continent est soulevé parce qu'il est entré en collision avec le continent européen). *PLS 307*

-80 M.a. à -65 M.a. : Il existe un oiseau gigantesque non volant de 140kg *Gargantuavis.*

Chez les oiseaux il y a apparition de trois orteils fonctionnels, d'une main à trois doigts et un os du poignet en demi-lune, puis d'une griffe de l'orteil arrière ; certains doigts fusionnent, la queue est réduite et l'orteil arrière descend pour mieux prendre. L'oiseau marche sur la pointe des pieds, en avançant pas à pas sans ramper. Les os creux allègent le corps, les membres antérieurs s'allongent, la main allongée devient tournante, des plumes apparaissent sur la queue. Les oiseaux pondent et couvent comme les dinosaures. Petits, agiles, ils couraient vite, bondissaient, le battement des ailes produisant portance et poussée, l'extrémité de l'aile crée la poussée, le reste la portance. Leurs caractéristiques : plumes, bec édenté, os creux, pattes préhensibles *PLS 246*

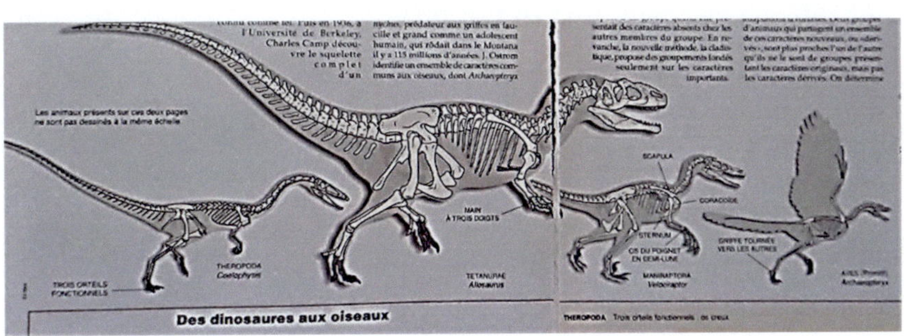

-75 M.a. : Émergence de la famille comme groupe multi générationnel ; la vie solitaire était un trait ancestral des mammifères qui n'avaient pas de mamelles ; néanmoins les dinosaures prenaient soin de leurs petits.*LR 886*

- 66 M.a à -2,6 M.a : ère du Cénozoïque ou *ère tertiaire* subdivisée en :

- 66 à -23 M.a :   **Paléogène** (formé de Oligocène, Éocène, Paléocène)

- 66 M.a : Un astéroïde de 10 km de diamètre heurte la Terre près de *Chuicxtulub* équivalent à 100 milliards de bombes H ! *PLS 500*

- 65 M.a : Le météorite a mis fin aux dinosaures qui ont pu mourir aussi du froid régnant après l'impact : -27 à -34°C !

À la fin du mésozoïque il y a apparition des Lémuriens en Afrique. Ce sont des primates ayant des doigts opposables aux mains et pieds ainsi que des ongles et des grands yeux ; mais ils ne sont pas les ancêtres des primates anthropoïdes. Ces animaux dorment beaucoup, pèsent entre 30g et 9 kg ; ils vivent aujourd'hui à Madagascar et depuis 40 M.a. ! Ils sont divisés en 5 familles et 15 genres.

Wilkipédia

Des crocodiles au Maroc *PLS341*

-60 M.a. : Un crâne de mammifère placentaire est découvert au Maroc *LR488*

Après la disparition des dinosaures les petits mammifères ont pu grossir et devenir diurnes *LR531*

-56 à -34 M.a : C'est une période chaude : 8 °C de plus qu'aujourd'hui ; d'où importante hausse de gaz de serre *PLS 491*

-55 à -10 M.a. : La mer Thétis entre l'Afrique et l'Europe se referme peu à peu et les Amériques se rapprochent.

-55 M.a à -10 M.a. : L'arbre des Cétacés, les mammifères aquatiques, commence avec des Pakicèdes et Ambulocètes qui ressemblent à des crocodiles mais qui n'ont sont pas *PLS 297*

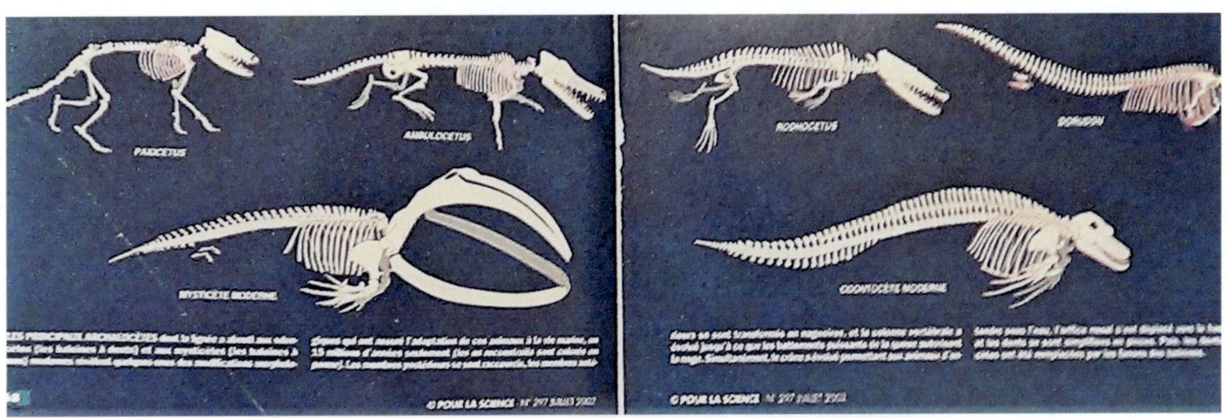

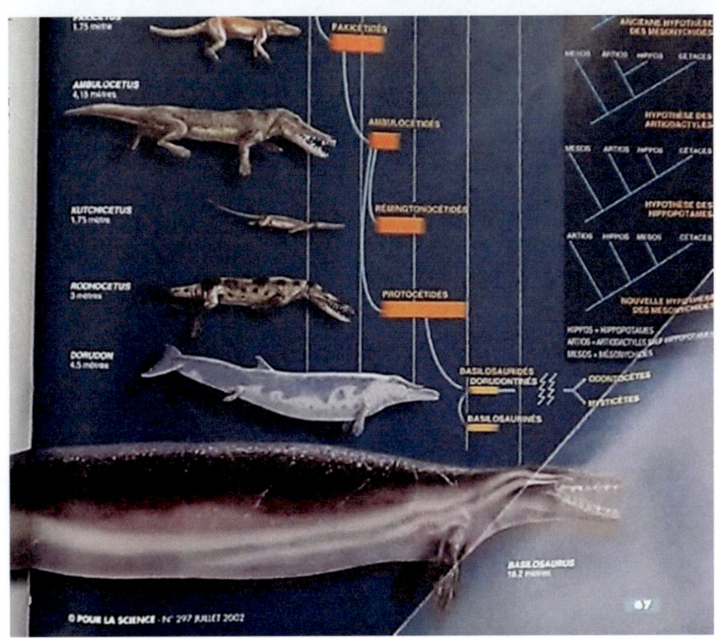

PLS 297

Le pouce opposable dans les mains d'hominidés apparait ; les ongles ne viennent que 10 millions d'années plus tard *LR 53* ?

-50 M a à 3M a : Les oiseaux *Pelagornis* *PLS 471* C'est une espèce d'oiseau marin qui s'est éteinte.

-48 M.a : Des ancêtres de la baleine vivaient au Pakistan et se nourrissaient de poissons.

-37 M.a : En Europe il y a des serpents de 3m et de 26kg.

-35 M.a : Des mammifères prolifèrent ; certains vont à la conquête des océans ; les Dorudons sont les ancêtres directs des Baleines.

Les primates se sont développés à partir d'insectivores (araignées, taupes, chauves souris…).

Les premiers singes apparaissent, d'abord dans le *Nouveau monde* (Amérique Sud et Centrale), puis dans l'*Ancien monde* (Afrique et Asie sud) issus d'une souche de primate évolué.

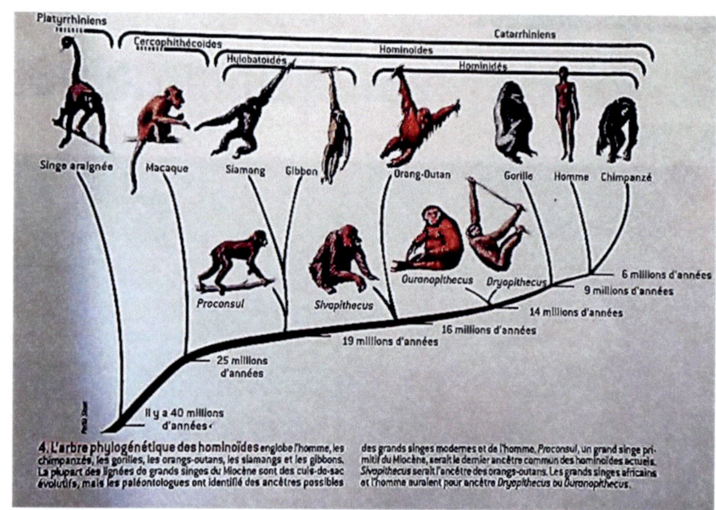

4. L'arbre phylogénétique des hominoïdes englobe l'homme, les chimpanzés, les gorilles, les orangs-outans, les siamangs et les gibbons. La plupart des lignées de grands singes du Miocène sont des culs-de-sac évolutifs, mais les paléontologues ont identifié des ancêtres possibles des grands singes modernes et de l'homme. Proconsul, un grand singe primitif du Miocène, serait le dernier ancêtre commun des hominoïdes actuels. Sivapithecus serait l'ancêtre des orangs-outans. Les grands singes africains et l'homme auraient pour ancêtre Dryopithecus ou Ouranopithecus.

PLS HS 94, N312

-34 M.a : Baisse des températures et des gaz de serre.

-32 M.a : Les plantes à fleurs datent de cette époque.

-30 M.a : Le Nil établit son cours définitif avec ses cataractes et ses rapides *LR 555*

-27 M.a. : Des serpents venimeux apparaissent.

-25 M.a. : Le Sahara est humide sauf au Maroc et en Lybie *LR 493*

LR 493

La mer est sur le Bassin Parisien *PLS 561*

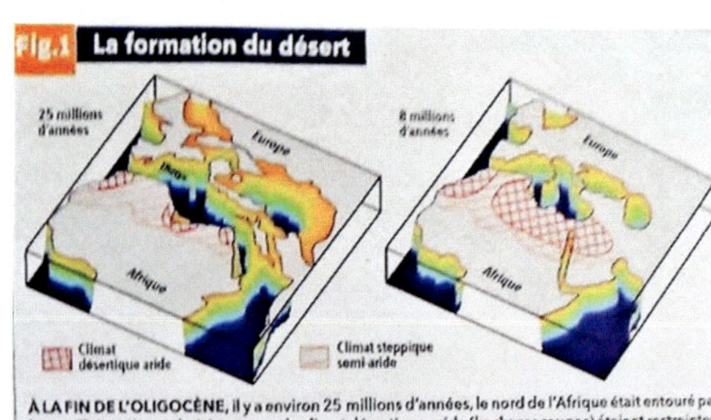

À LA FIN DE L'OLIGOCÈNE, il y a environ 25 millions d'années, le nord de l'Afrique était entouré par la mer Téthys (à gauche). Les zones de climat désertique aride (hachures rouges) étaient restreintes environnées de climat steppique semi-aride (hachures orange). Sous l'effet du déplacement des plaques tectonique, la Téthys s'est progressivement refermée, empêchant l'arrivée de pluies abondantes : avant la fin du Miocène, il y a 8 millions d'années, le Sahara était en place tel que nous le connaissons aujourd'hui (à droite). © HONGXIN ZHANG, UNIV. ET BERGEN

Pelagornis est un oiseau géant de 7 m d'envergure qui a volé sur les océans pendant 25 M. d'années *PLS 471*

-23 à 2,6 M.a :   **Néogène**   (formé de Miocène de -23 à -5 M.a ; Pliocène)

Au Miocène le climat de la Terre est passé du chaud et peu variable à des conditions plus fraiches avec un régime de précipitations saisonnier proche de l'actuel.

En Europe on trouve des bisons, aurochs, lions, léopards, chevaux, ours, éléphants.

-23 à -5 M.a. : C'est enfin la lignée des *Grands Singes*, les ancêtres de nos ancêtres qui a émergé, les hominoïdes qui comprendront les hominidés et les homininés. *PLSS 94* Ils n'ont pas de queue externe, ont des membres très mobiles, des longs bras, une cage thoracique large et une posture plus verticale que les autres primates. *PLS312* Le crâne d'un grand singe de 20 M.a. est découvert en Ouganda *LR 456* Les grands singes sont issus des singes de l'Ancien monde (Afrique et Asie sud). Aujourd'hui la famille des grands singes, Orang-Outan, Pongo, Gorille, Bonobo, Chimpanzé, ne compte plus qu'environ 600 000 individus contre 7,4 G. d' HS ! *LR 533*

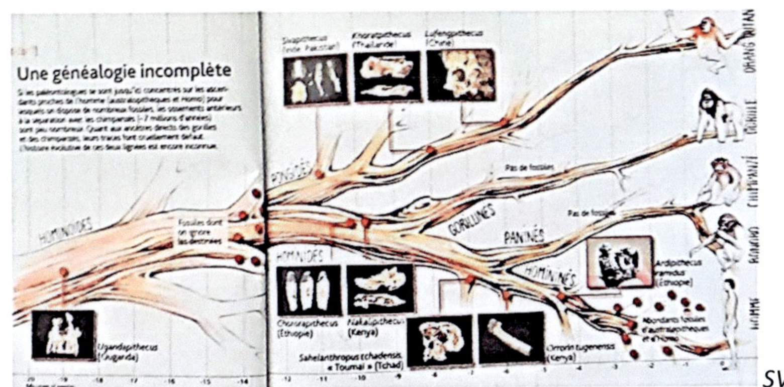

SV HS270

-12 M.a : Les espèces actuelles de plantes à graines nues (300 espèces de cycadales réparties en 10 genres dont les palmiers) se sont diversifiées au Miocène moyen. *LR 459*

Les *grands singes* se sont répandus en Afrique, en Espagne et au sud de la France. Le biface, premier outil en pierre, apparait.

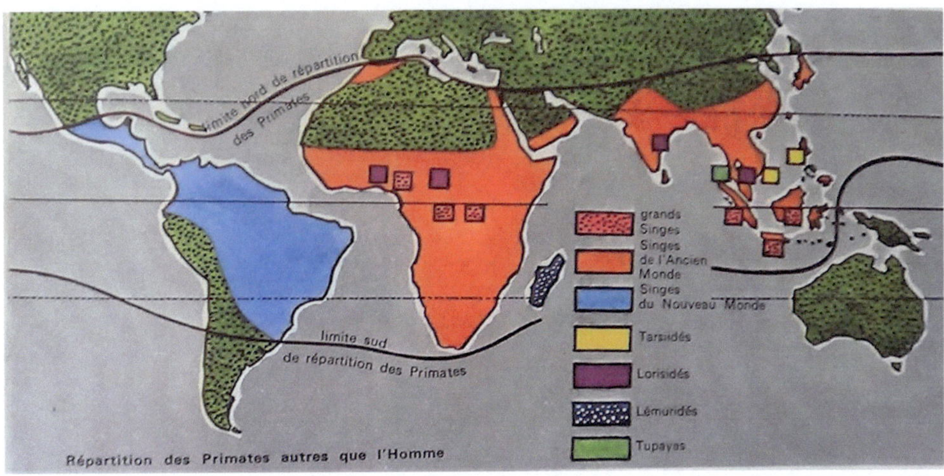

- 11,62 M.a : Un grand singe bipède de 3m de haut et 300 à 500 kg marchait en Allemagne, parent proche des orangs outans. *LR 555*

-10 M.a. : L'océan *Tethys* entre Afrique et Europe s'est rétréci : le Sahara commence à se désertifier et la Méditerranée commence à se former. *LR 493*

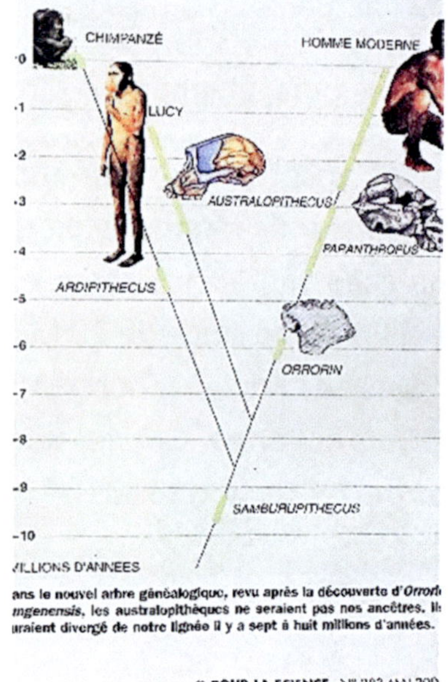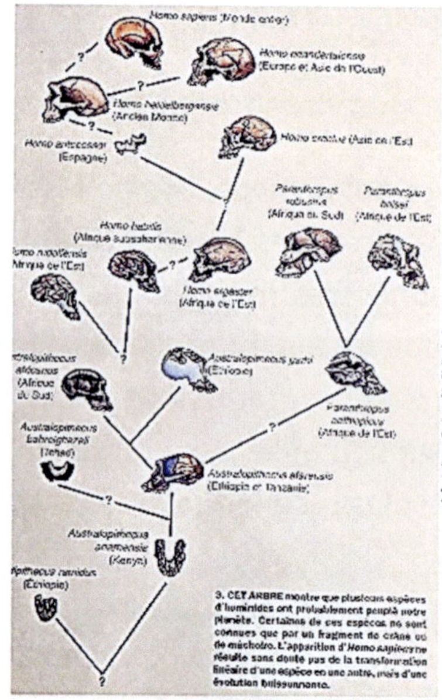

PLS 283 ; 269

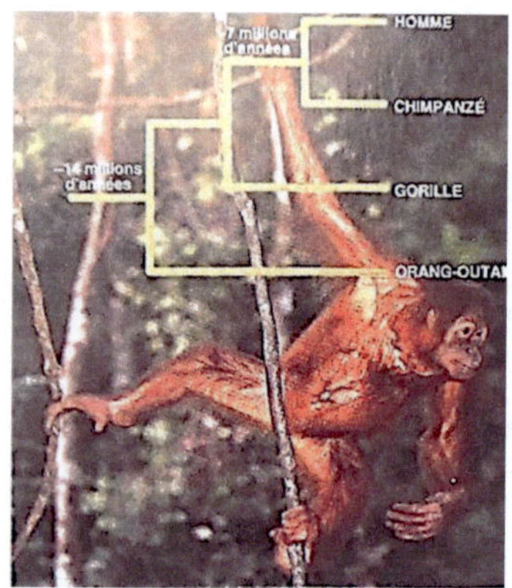

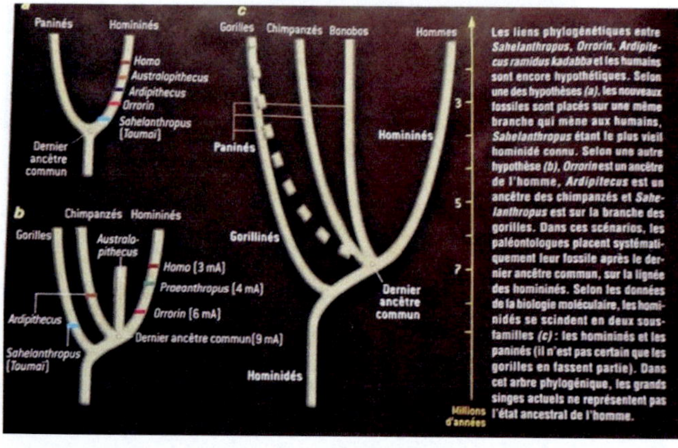

PLS 307

-8 M.a. : La divergence entre Homo et singes remonte à ces dates. *PLS176*

-7 M.a : La position verticale des hominidés apparait *LR 536.* Le Sahara est aride ; le lac Tchad est immense ; le climat en Afrique est variable *LR 493.* Le groupe Homo s'est séparé de celui qui a abouti aux chimpanzés.

Y N Harari : Sapiens une brève histoire de l'humanité_2015

Pour la Science N269-2000, N270-2000, N307-2003, N327-2005, SN94-2017, N506-2019

La Recherche N 506-2015, N511-2016, N 517 -2016, N535-2018, N556 -2020

Sciences et Vie N11-2014

Hominidés : lignée humaine + celle des grands singes ou Hominoïdes.

Homininés : lignée humaine = Toumaï, Ardipithèques et Australopithèques , et les   Homo.

LES ANCÊTRES DES HUMAINS

-7 M.a. : « Toumaï » est-il l'ancêtre des humains ? *PLS N298-2002 ; LR 552* Sahelanthropos tchaddensis
bipède habituel *PLS540*

Au Tchad un lac s'étendait sur 400 000 km². Dans le désert du *Djourab* on a découvert un crâne presque complet, deux fragments de mâchoire et des dents qui appartiennent à un nouveau genre de grands singes: un hominidé-homininé : « Toumaï-Espoir de vie », vieux de 7 millions d'années, dernier ancêtre commun des singes et des Homo (genre qui réunit Homo Sapiens et tous ses apparentés: les humains) *PLS 350*

-7 M.a. : Les chimpanzés et les futurs humains se seraient métissés *PLS 345* Ils ont vécu en Afrique.Il n'y a pas eu évolution linéaire dans la pratique de la bipédie ; elle a émergé à plusieurs reprises avec des pieds de formes variées même chez les singes mais pratiquée par les Homos *PLS543*

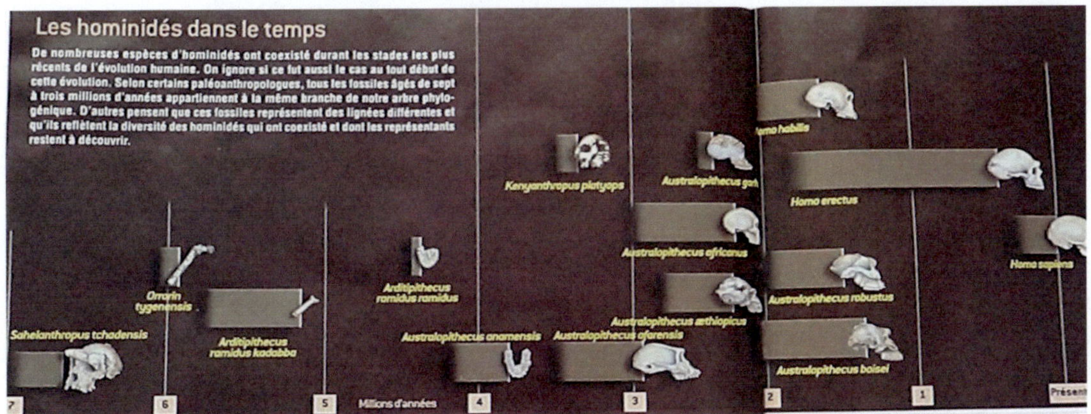

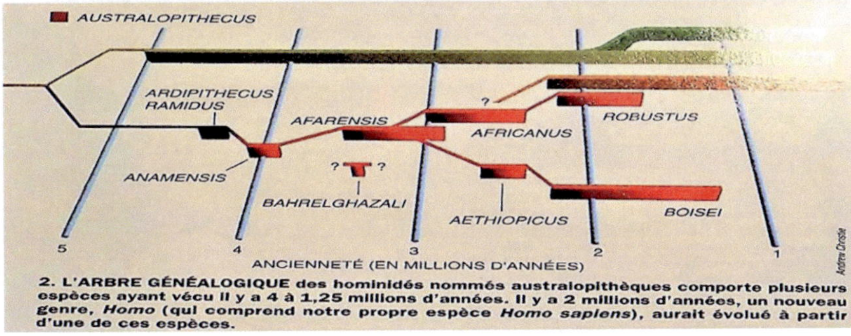

PLS HS 94   PLS 238   PLS 269

-6.3 M.a. : Homo et chimpanzés sont désormais sur des lignées vraiment différentes. *PLS 345*

-6 M.a. :   Des ossements fossiles d'Ororin, ancêtres des hominidés, sont mis au jour au Kénia.

Les Australopithèques apparaissent. Ils étaient probablement clairs de peau sous les poils *PLS482*: La bipédie est   non intégrale chez les Ardipithèques **et** sera affirmée chez certains Australopithèques (-4 à -1M.a.) *PLS 517*

-5,3 M.a : C'est la dernière grande ère glaciaire, toujours en cours, avec de nombreuses oscillations dues aux déviations de l'axe de rotation de la Terre. *PLS 499*. L'Atlantique remplit subitement la Méditerranée en moins de deux ans par Gibraltar *SV1109*

En Europe les hérissons et les requins sont énormes. Les grands singes se répandent en Italie, en Grèce.

-5 M.a. : Un des plus anciens des homininés trouvés est un Ardipithéque en Afrique.

-4,4 M.a : Ardipithèque ramidus en Afrique. Serait-il monogame ? *PLSS 94*-Sa bipédie est non intégrale.

-4,2 à -1,2 M.a : Le genre Australopithèque aurait vécu pendant toute cette période *LR 548* ; d'abord A. africanus (-4,2 à -3,2) puis A. afarensis (-3,2 à -2,2) .Ils se nourrissaient d'aliments mous. Ils étaient poilus mais à peau claire.

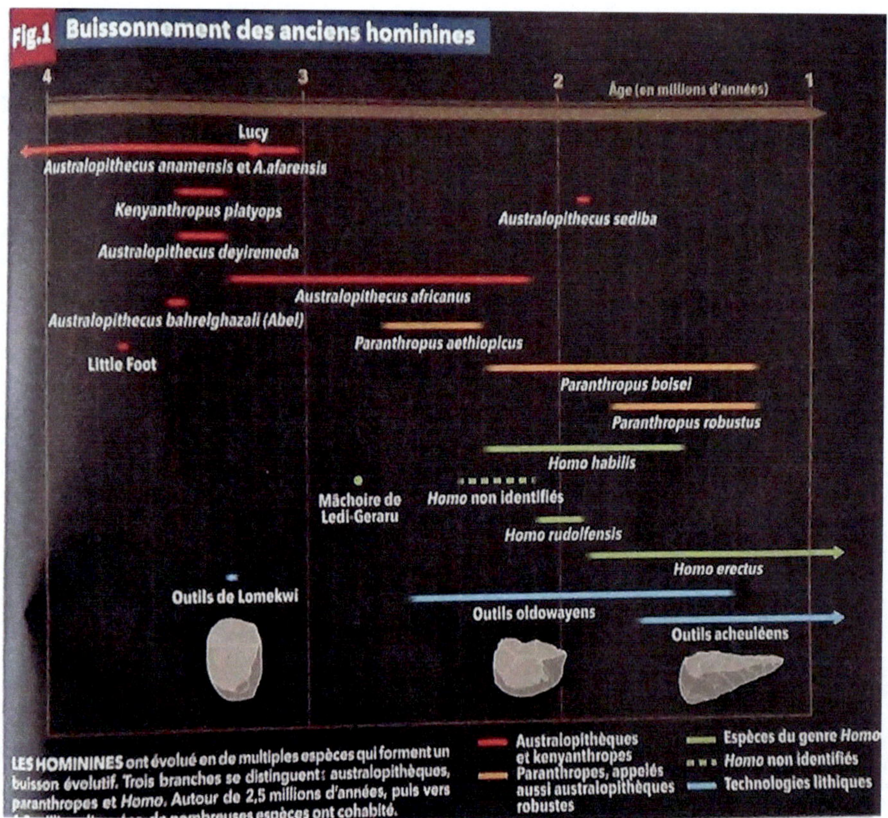

LR 503

-3,8 M.a. : Un crâne d'Australopithèque anamensis, *MRD*, de cette date est trouvé en Éthiopie ; c'était un bipède préférentiel, ancêtre d'Afarensis avec qui il a coexisté. *PLS 504*

-3,75 M.a : *Little Foot*, un australopithèque, est situé dans l'ascendance des humains. Il a été trouvé en Afrique du Sud dans une grotte : il serait tombé dans un gouffre.

-3,6 à -2,9 M.a : *Lucy* est « la mère » australopithèque afarensis trouvée en Afrique le 24/11/1974 PLS565.

-3.3 M.a.: Des pierres taillées au Kénia : par qui ? Un pied d'hominidé en Ethiopie : Ardipithécus ? *LR 465*,

-3,3 à 2,1M.a. : Les Australopithèques Africanus ont vécu pendant cette période PLS 493

-2.8 M.a. : Une mandibule d'ancien Homo découverte en Ethiopie.   La bipédie s'affirme.

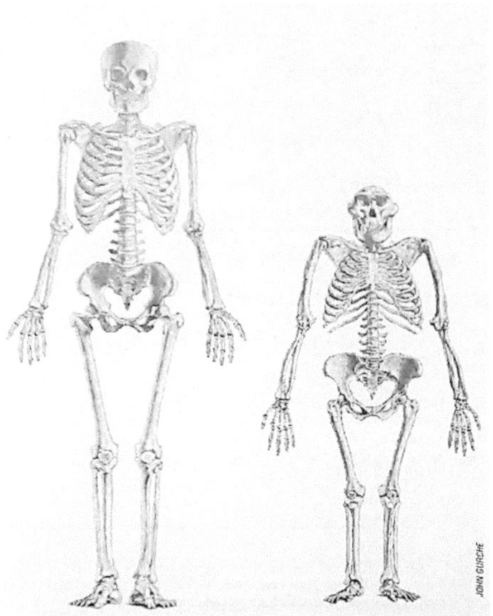

2. CES SQUELETTES indiquent qu'il y a quatre millions d'années les australopithèques étaient bipèdes. Dans le cas d'*Australopithecus afarensis (à droite)*, qui est apparu il y a environ 3,5 millions d'années, les caractères révélateurs de la bipédie sont la voûte plantaire, le gros orteil non opposable, la morphologie des genoux et du bassin. Ces hominidés avaient cependant conservé certains caractères propres aux singes (des cuisses courtes, de longs bras, des doigts et des orteils recourbés), ce qui laisse supposer qu'ils ne marchaient sans doute pas exactement comme nous et qu'ils passaient beaucoup de temps dans les arbres. Ce n'est qu'avec le genre *Homo (à gauche)* qu'apparaissent les proportions modernes des membres et des pieds et la forme du bassin requises pour la bipédie telle que nous la connaissons.

-2,6 M.a à ….   ère Quaternaire divisée en

-2,6 M.a à 11 700 années : **Pléistocène** (sous divisé en Tarentien, Ionien, Calabrien, Gélasien).

Le **paléolithique** (classification liée aux humains) commence ici.

-2.6 à -2. M.a.: En Afrique, en Éthiopie, on utilise des galets pour fabriquer des outils (percuteur + enclume = outil tranchant).

-2,6 M.a : Des dents d'hominidés sont trouvées dans la grotte de *Longgupo* en Chine. À *Gona* (Éthiopie) les plus anciens outils fabriqués sont déterrés.   PLS 496

-2,4 M.a: A *Aïn Boucherit* Sétif (Algérie) des anciens outils sont trouvés ainsi que des ossements de bovidés, éléphants, rhinocéros, crocodiles. Les mêmes outils sont trouvés à *Yiron* (Israël) LR 544

-2,2 M.a : Les mêmes outils se retrouvent en Afrique du Sud, ce qui prouve une grande mobilité des humains en Afrique. Des humanoïdes d'Afrique seraient arrivés à *Shanchen* en Chine PLS491

		EUROPE ET PROCHE ORIENT	AFRIQUE	ASIE DE L'EST	AUSTRALASIE
PLÉISTOCÈNE SUPÉRIEUR	FIN	CRO-MAGNON PREDMOSTI MLADEC	AFALOU LUKENYA	SHANDINGDONG ZIYANG LIUJIANG	MARAIS DE KOW WADJAK KEILOR
	MILIEU	VINDIJA KEBARA LA FERRASSIE LA CHAPELLE	DAR ES SOLTAN	MABA	LAC MUNGO 1, 3 WILLANDRA LACS 50
	DÉBUT	QAFZEH KRAPINA	KLASIES	DINGCUN XUJIAYAO	NGANDONG
PLÉISTOCÈNE MOYEN	FIN	EHRINGSDORF BIACHE ZUTTIYEH	NGALOBA FLORISBAD	DALI JINGIUSHAN	SAMBUNGMACHAN
	MILIEU	PETRALONA ARAGO STEINHEIM	KABWE NDUTU	ZHOUKOUDIAN H HEXIAN YUNGXIAN	?
	DÉBUT		BODO TERNIFINE OLDUVAI 12	ZHOUKOUDIAN D, E, L CHENJIAWO	SANGIRAN 2, 10, 12, 17 TRINIL
PLÉISTOCÈNE INFÉRIEUR	FIN		OLDUVAI 9	GONGWANGLING	SANGIRAN 4, 27, 31
	MILIEU		LAC TURKANA (EST) 992		
	DÉBUT		LAC TURKANA (EST) 730, 3883, 3733 (OUEST) 15000		

4. DES FOSSILES BIEN DATÉS montrent que les hommes modernes ont évolué de façon contir
et simultanée dans diverses régions du monde. Les différents groupes ont ensuite acquis
caractères anatomiques spécifiques, mais les échanges de gènes par métissage ont suffi à mainte
l'unicité de l'espèce humaine.

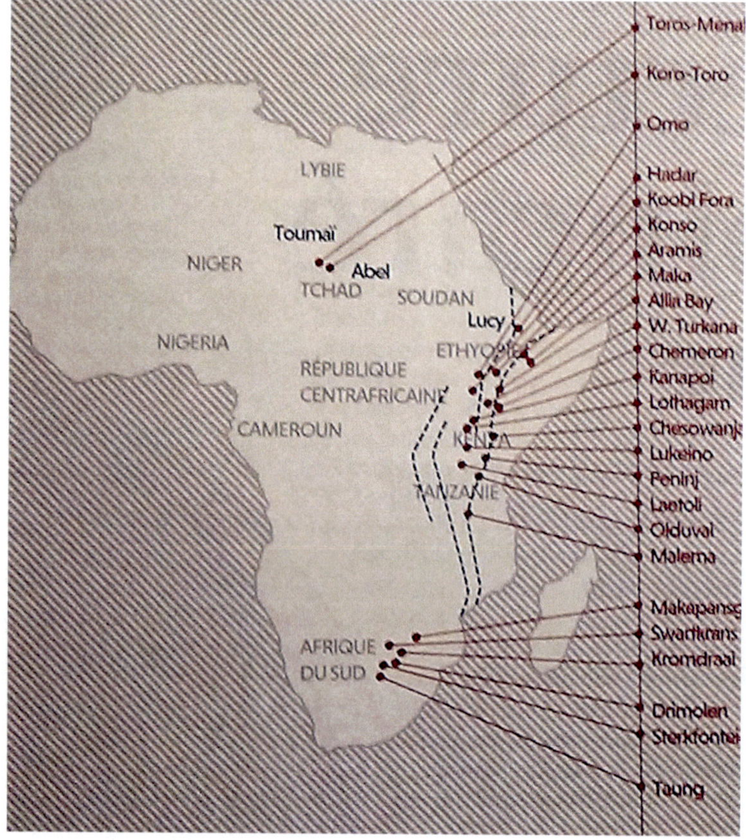

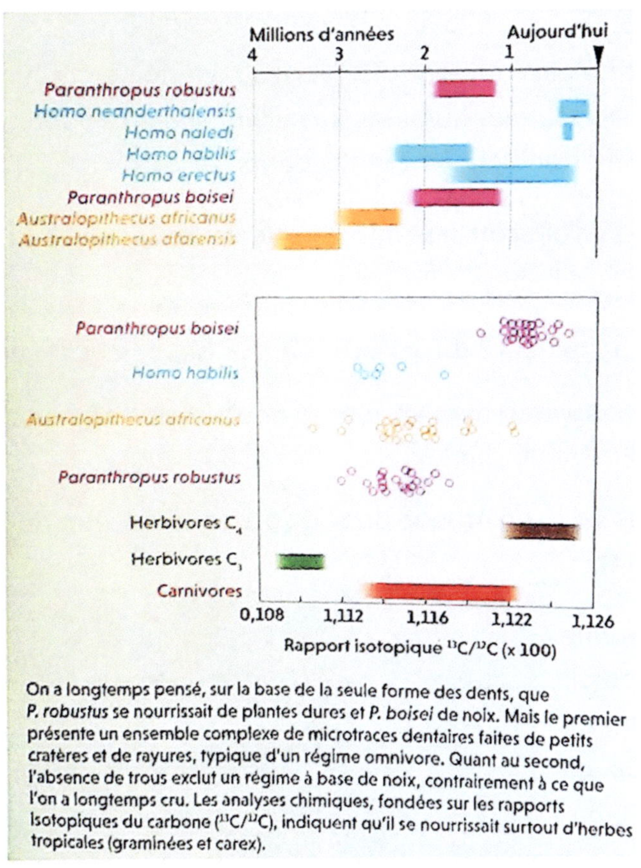

On a longtemps pensé, sur la base de la seule forme des dents, que *P. robustus* se nourrissait de plantes dures et *P. boisei* de noix. Mais le premier présente un ensemble complexe de microtraces dentaires faites de petits cratères et de rayures, typique d'un régime omnivore. Quant au second, l'absence de trous exclut un régime à base de noix, contrairement à ce que l'on a longtemps cru. Les analyses chimiques, fondées sur les rapports isotopiques du carbone ($^{13}C/^{12}C$), indiquent qu'il se nourrissait surtout d'herbes tropicales (graminées et carex).

PLS 176, 494

Les humains ont évolué de façon continue et simultanée dans diverses régions du monde. Les échanges de gènes par métissage ont suffi à maintenir l'unicité de l'espèce humaine.

-2.2 à 1,5 M.a. : Homo habilis est carnivore et se nourrit d'aliments mous.   *PLS 494*

Une sorte de céréale existait en Turquie *PLS525* des Homos mangeaient du poisson *PLS 566*

-2,12 M.a. : Des hominiens en Chine, à Shangchen *PLS 491*

-2. M.a. : L'Afrique connait un changement climatique qui entraîne un assèchement de la savane. Les hominidés d'alors ont une petite taille (1,5m) et vivent en groupe autour des rivières. Ils fabriquent des outils élémentaires et des bifaces. Un assemblage de pierres trouvé en Tanzanie est interprété comme une structure d'habitat pour chasseurs-cueilleurs. Les humains perdent leurs poils sur tout le corps et la peau s'assombrit pour se protéger des ultraviolets. Différentes couleurs et textures de peaux apparaissent en Afrique *PLS 482*.

À *Drimolen* (Afrique du sud) vivait Homo Erectus qui côtoyait les Paranthropes Homo Erectus en Syrie (Zarqa) et Israel (Yiron)

Les chimpanzés et les humains utilisent des pierres comme percuteur, enclume et cales, sur des sites spécifiques, mais seuls les humains travaillent la pierre pour mieux affiner l'outil. Les mères chimpanzé transmettent leur savoir aux petits. *PLS 254*

Les premiers humains n'allaitaient les enfants que quelques mois et le maternage incluait l'entourage.

-2,1 à 1,6 M.a. : Homo Habilis *PLS 493* (ou -2.3 à -1.5 PLS554) -2 à -1.8 Ma. : Homo Rudolfensis PLS554

-2,1 à 1,1 M.a : Homo Paranthropus boisei était herbivore et se nourrissait d'aliments mous. Il n'a pas résisté à un fort changement de climat.

-1.95 à -1.75 M.a. : Australopithèque sediba en Afrique du Sud : est-ce un ancêtre de HS ? Il avait une grande dextérité de la main. *LR457*

-1.9 à -1. M.a. : Les Homo d'Afrique passent par le couloir levantin, le Proche Orient, puis envahissent le sud de l'Europe, la France, par l'Asie, l'Anatolie, le Caucase ; en même temps ils se déplacent vers l'Afrique du Nord *PLS 325* Ils forment les populations archaïques d'Eurasie.

PLS 325

2. L'Europe se serait peuplée lors de deux vagues migratoires successives, tels que l'attestent des sites anciens (en vert sur la carte) et plus récents (en rouge). Alors que les premiers hommes venus d'Afrique n'ont occupé que le Sud du continent, les individus de la seconde vague se sont installés jusqu'en Europe septentrionale. Le contenu et la répartition géographique des sites indiquent que les hommes de la première vague (flèches vertes) sont arrivés en Europe en passant par l'actuel Moyen-Orient. Ils auraient ensuite soit traversé l'Anatolie, soit fait un détour par l'Asie. Les hommes de la seconde vague (flèches rouges), comme leurs prédécesseurs, sont sans doute arrivés par l'Est. Néanmoins, il n'est pas exclu qu'ils aient traversé le détroit de Gibraltar.

70

© POUR LA SCIENCE - N° 325 NOVEMBRE 2004

-1,9 à -1,1 M.a : Homo Paranthropus robustus est carnivore et se nourrit d'aliments durs.

-1,9 à 0,3 M.a: Homo Ergaster se nourrit d'aliments mous variés ce qui lui a permis de résister aux changements de climat et de flore dans les savanes de l'Afrique de l'Est. Homo Erectus a vécu à sa suite. Les Homo Erectus ont vécu de 1 850 000 ans à 108 000 ans montagnard en Afrique puis en Asie.PLS554 Les Homo Ergaster et Antecessor leur sont liés.

-1,8 M.a: à 40 000 ans : Homo Erectus s'est aventuré au-delà de l'Afrique et est allé jusqu'en Chine. *PLS 491*. Il semble qu'il n'avait pas l'usage de la parole *PLS 325* Mais les vocalisations commencent à prendre langue PLS 534

Une seule espèce humaine (Erectus ?) existait en Eurasie et en Afrique. *LR491*

L'homme de Géorgie est-il Erectus, Habilis, Ergaster ou Georgicus venant d'Afrique ? *PLS 325*

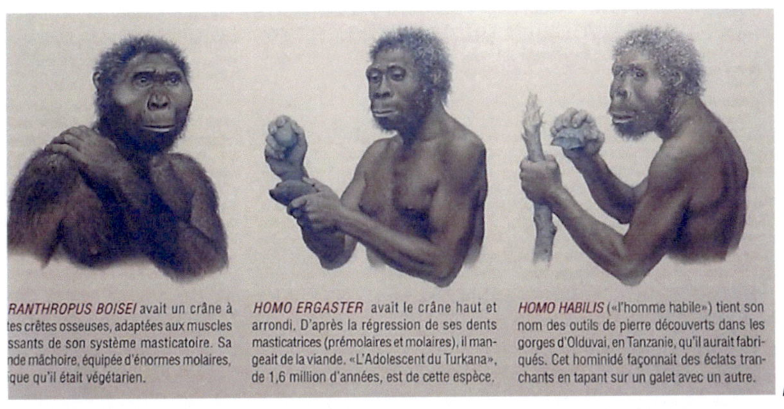

PLS 269

PLS 269

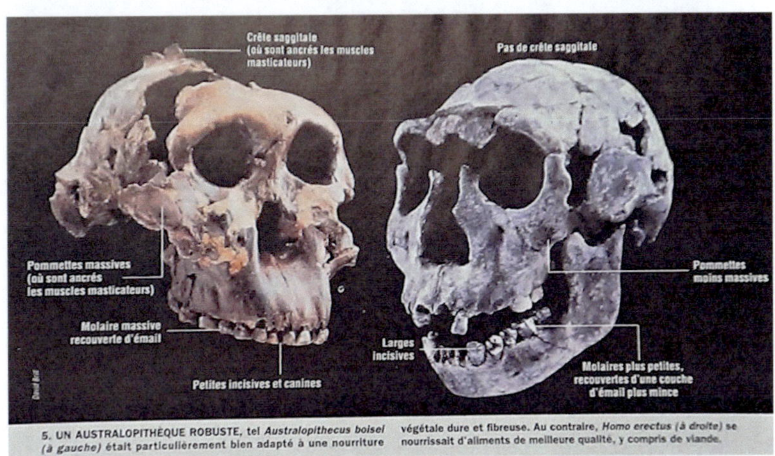

5. UN AUSTRALOPITHÈQUE ROBUSTE, tel *Australopithecus boisei* (à gauche) était particulièrement bien adapté à une nourriture végétale dure et fibreuse. Au contraire, *Homo erectus* (à droite) se nourrissait d'aliments de meilleure qualité, y compris de viande.

1,67 M.a. : A l'oued *Boucherit* Sétif des bifaces sont trouvés provenant des Homo Habilis ou Ergaster ? *PLS 530*

En Chine, à *Lantian* des dents proviennent d'Homo Erectus évolué. *PLS538*

Tous les homininés sont des bipèdes dotés de mâchoires épaisses, de grosses molaires et petites canines. La pensée géométrique est ancienne : les humains façonnaient des objets sphériques, ou avec certaines symétries, comme des bifaces. *LR E 34*

-1,5M.a. : Trace d'un Homo Erectus à *Ubeidiya* en Israël. H Erectus en Ukraine (korolevo *PLS560*

Il y aurait eu 4 vagues d'Homo d'Afrique vers l'Eurasie ; la 1[ière] d'Homo Habilis, petits, puis la 2ième Homo Ergaster et Homo Erectus, grands. *PLS 534*

-1M.a. : Certaines ethnies d'Afrique ont les yeux, la peau et des cheveux clairs qui seront transmis plus tard aux Européens *PLS 482*

En Eurasie *Dénisovien, Neandertal* et *HS* seront autant de lignées d'Homininés co-existantes *LR 491*

De -930 000 à -813 000   HS a failli disparaitre : il est resté 1280 individus ! *PLS552*

Il y a1 M.a. le Groenland avait fondu. *LR890*

-850 000 ans : Les Homo (Erectus ?) colonisent l'ile de Flores en Indonésie ; ils ont vécu, isolés, durant une longue période de 700 000 à 50 000 ans

- 800 000 : Homo Antecessor en Espagne à *Atapuerca*. Sorti d'Afrique ce n'est pas l'ancêtre commun de HS et Neandertal, mais il fait partie d'une lignée sœur ancêtre de Neandertal *LR 559*.

Des bifaces en Israël (*Gesher benet Yaacov*) .*PLS 325*

Les humains font du feu à l'occasion.

Le champ magnétique de la Terre était orienté pôle Sud ! Il s'est inversé il y a 773 000 ans *PLS 505*

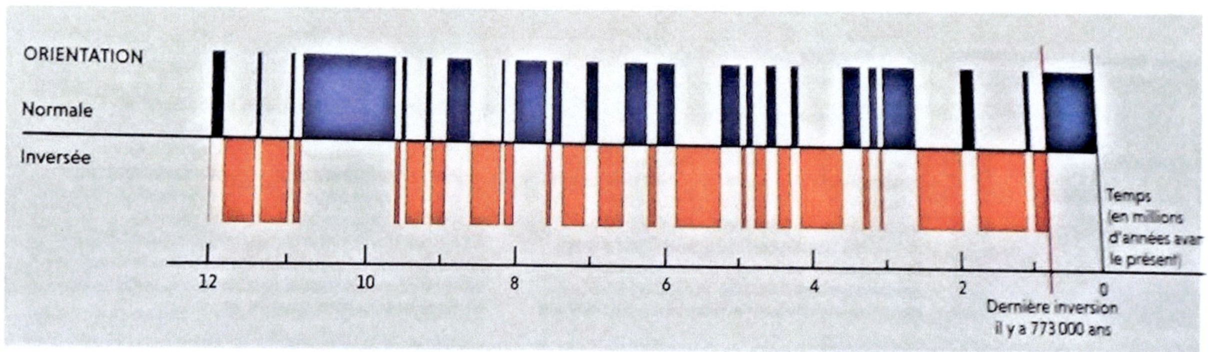

PLS 505

-700 000 ans : Les bifaces apparaissent en Europe : une deuxième vague africaine d'Homo arrive qui se mêle, se métisse aux populations archaïques. C'est l'origine des Neandersoviens ancêtres de Neandertal et Denisov ? *PLS 511* Présence humaine en Angleterre ; celle-ci était reliée à l'Europe *PLS 340*

NOS FRÈRES HOMO

-650 000 : Les lignées Neandertal et HS se séparent (entre 400 000 et 1M. d'années *PLS 105*)

-600 000 ans : La deuxième vague de peuplement de l'Eurasie par les Homo d'Afrique continue. Premiers bifaces en Italie. *PLS325* Au Gabon on trouve de nombreux outils *PLS531*

-540 000 : Homo Erectus grave un motif en zigzag sur une coquille à Java.

Une mutation génétique a profité au cerveau d'HS ; alors qu'une protéine y régulait la croissance des constituants du squelette interne des cellules chez Homo Erectus, la version HS stimule la division des neurones à partir des cellules mères ; d'où une forte production de neurones. *PLS 473*

-500 000 ans : Des pierres taillées étaient utilisées sur des lances en Afrique du Sud *LR 471*

PLS 506

-430 000 à -40 000 ans : Homo Neandertal

Les Homo Neandertal auraient vécu entre -430 000 (ou plus précisément -250 000) et -40 000 ans en Europe et au Proche Orient ; on les trouve aussi en Sibérie. Ils ont occupé l'Eurasie pendant des millénaires et descendaient de populations sorties d'Afrique vers -600 000 ans. Ils ont été découverts en 1856 en Allemagne dans la vallée de *Neander*. Ils descendent d'un même ancêtre commun que HS, mais ils ont un crâne plus volumineux, un front fuyant et

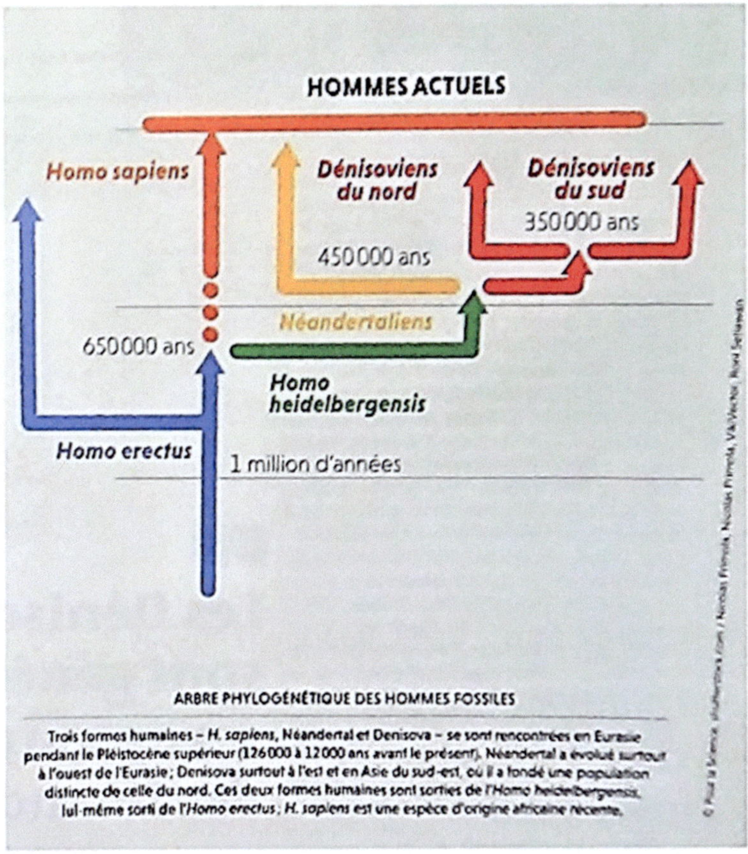

ARBRE PHYLOGÉNÉTIQUE DES HOMMES FOSSILES

Trois formes humaines – H. sapiens, Néandertal et Denisova – se sont rencontrées en Eurasie pendant le Pléistocène supérieur (126 000 à 12 000 ans avant le présent). Néandertal a évolué surtout à l'ouest de l'Eurasie ; Denisova surtout à l'est et en Asie du sud-est, où il a fondé une population distincte de celle du nord. Ces deux formes humaines sont sorties de l'Homo heidelbergensis, lui-même sorti de l'Homo erectus ; H. sapiens est une espèce d'origine africaine récente.

des bourrelets sub-orbitaux ; chez Neandertal le pouce était raide *LR 888*. Il pouvait émettre des sons articulés (il avait le gène FOXP¨2) Les pré-Neandertal avaient un audiogramme semblable à celui de l'homme moderne (fréquences les plus sensibles liées au langage de 2 à 4 khz) ; la capacité auditive des Neandertal était équivalente à celle des HS. Neandertal aurait la peau assez claire et les cheveux allant du brun au blond vénitien. *PLS 502* Neandertal, d'une population maximale de 70 000 individus, prenait soin des siens jusqu'à la mort, il enterrait même ses morts (à la fin de son ère) ; il était fin connaisseur de son environnement et un chasseur affûté et pratiquait l'art pariétal, acte mûrement pensé, avait un savoir-faire avancé. Il utilisait des stratégies perfectionnées et variées : il cueille, collecte du miel, des œufs, récupère des carcasses, chasse de façon opportuniste. L'abattage et la capture de grands herbivores nécessite l'accord des membres du groupe (une dizaine d'individus en campements de base temporaires) sur les méthodes de chasse et sur le partage des bêtes tuées ; il soignait les blessés ; d'où des capacités cognitives et d'organisation sociale nécessaires étaient développées chez lui *PLS 254* HS

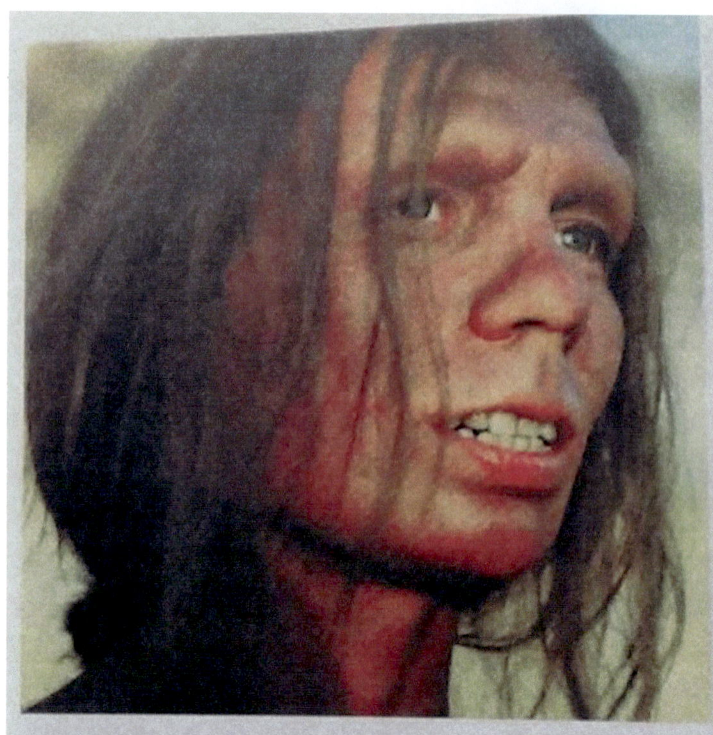

Une restitution d'artiste de l'une des jeunes femmes sur qui reposait la fragile démographie néandertalienne.

LR

521

-430 000 : Neandertal est dans la Sierra *Atapuerca* en Espagne *LR 535*

-400 000 ans : Il n'y a pas longtemps, les Homo, nous étions les opprimés de la savane et nous étions (et sommes toujours) pleins de peurs et d'angoisses, ce qui nous rend cruels et dangereux.

Découverte du *Sinanthrope* Homo Erectus en Chine.

L'homo Hedelbergensis disparait. Il aurait donné naissance à deux lignées qui ont abouti à Homo Neandertal et Dénisova. *PLS 105*

Les Dénisoviens, proches parents des Neandertal, ont des lignées qui se séparent *LR535*

La lignée d'Homo Dénisovien a divergé du buisson ancestral il y a 1 million d'années et de Neandertal il y a plus de 400 000 ans. Les Homo Dénisovien ont vécu entre -200 000 et -50 000 ans (grotte de *Dénisova* en Russie *PLS497*). Deux groupes de Dénisoviens, ont peuplé l'Asie de part et d'autre de l'Himalaya. Ils se sont reproduits avec Neandertal : un gène Dénisovien permet aux Tibétains de vivre en altitude. *Denny* est une métisse de 13 ans de mère Neandertal et père Dénisovien qui a vécu en - 90 000 en Siberie. Les Dénisoviens ont la peau sombre.*LR 540* Autre grotte *Baishiya* Tibet qui a abrité des dénisoviens *PLS 563*

Les humains chassent à cette époque les gros animaux.

-350 000 : Neandertal se répand sur toute l'Europe *PLS 325*

-335 000 ou -235 000 : les Homo **Naledi** vivent en Afrique du Sud ; Ils sont petits, auraient pratiqué les premiers rites mortuaires, seraient arboricoles et auraient fabriqué des outils élaborés *LR 531* Homo Naledi se nourrit d'aliments mous et semi-durs.

-320 000 : Les crocodiles (crocodylus) sont des archosaures, groupe de reptiles qui domine la Terre à cette époque. Il y a 23 espèces de crocodiles qui se trouvent dans les régions tropicales et équatoriales Asie, Australie, Amérique ; ils se répartissent en trois familles dont les alligators et il y a le crocodile du Nil. Les autres crocodiles africains ne sont pas du genre crocodylus. Il y a 4 espèces de caïmans.

-300 000 ans : Homo Nalédi en Afrique du Sud, un grimpeur sur les falaises et grottes, a été découvert en 2015 ; il est proche d'Australopithèque et d'homo Erectus et aurait déposé des sépultures dans la cavité de *Dinaledi* d'accès très difficile. *PLS524*

La Grèce et la Turquie étaient liées, la mer Égée n'existait pratiquement pas. Des prairies reliaient l'Afrique du Sud, le Maghreb et l'Afrique de l'Est.

Sur le site de *Djebel Irhoud* (Maroc) des fossiles d'un HS sont exhumés *LR 531.* Les données génétiques et archéologiques semblent indiquer que HS soit originaire de l'ensemble du territoire africain ; l'évolution ne s'est pas faite de façon linéaire mais buissonnante ; différents groupes suffisamment proches pour échanger des

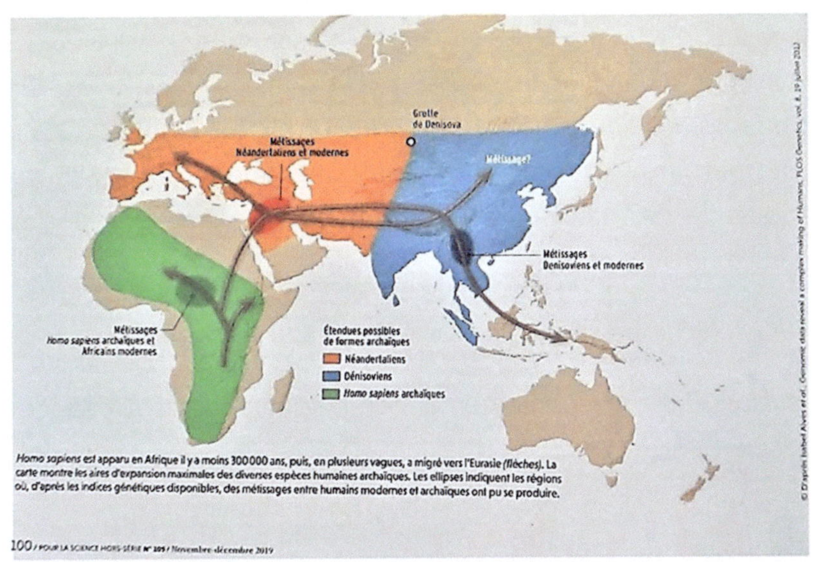

gènes ont contribué à façonner notre espèce HS. *LR527* Les humains font quotidiennement du feu. Des aliments indigestes peuvent être maintenant cuisinés. La cuisine permit aux hommes de manger des aliments plus variés, de passer moins de temps à se nourrir, et ce avec des dents plus petites et des intestins plus courts.

PLS HS 105

-260 000 : Fossiles HS de *Florisbad* (Afrique du Sud) *LR 531*

-250 000 : L'homo Neandertal a son véritable ancêtre Neandertal à cette époque. *PLS 105*

-220 000 : HS sort d'Afrique par le Sinaï et rencontre Neandertal *LR 531* Une vague de métissage a lieu entre HS premier et Neandertal *PLS 511*

-210 000 ans : Un crâne d'HS ? est trouvé dans la grotte *Apidima* en Grèce. Présence humaine sur l'ile de *Naxos*.

-200 000 à -70 000 : le Sahara était humide avec des rivières et des lacs, une végétation de savane luxuriante *PLS 347*

-200 000 ans : Neandertal savait produire, par invention fortuite, le brai liquide ou poix de bouleau, une matière plastique et collante, utilisée comme colle (pour fixer une pierre à un manche) ou comme gomme à mâcher. *PLS 520*

-200 000 à -150 000 ans : HS apparait vraiment et évolue en Afrique orientale. Le crâne de HS évolue en prenant une forme plus ronde, ce qui laisse supposées de nouvelles capacités du cerveau alors que le crâne du Neandertal ne bouge pas. L'évolution du cervelet est la différence majeure entre HS et Neandertal ; la peau n'est pas la même, HS a la peau sombre mais avec différentes nuances. L'expansion de HS partant de l'Afrique passe par le Proche Orient puis les autres continents, et est faite sur plusieurs dizaines de milliers d'années, sans échanges génétiques ni culturels notables, mais néanmoins existants. *PLS176*. Les enfants HS étaient allaités jusqu'à 3 ou 4 ans alors que les Paranthropus boisés et Australopithécus seulement quelques mois, le maternage incluant père, mère, oncle, tante *LR 884*-Il y a 4 lignées de HS en Afrique, tous chasseurs-cueilleurs, une d'Afrique centrale (qui a donné les pygmées *Baka, Bakola, Bedzan* du Cameroun*, Mbutis* de R Centrafrique), une d' Afrique du sud qui a donné les *Sans*, une d' Afrique de l'est qui ont contribués aux *Bantous* avec *les Sans* et aux Eurasiens, et une aujourd'hui inconnue.

-196 000 : à *KIbish* (Ethiopie) des crânes d'HS sont découverts *LR 531*

-194 000 : *Denisova2* est un fossile humain de la grotte de *Dénisova* identifié comme le plus vieux des spécimens Dénisovien *LR 545*

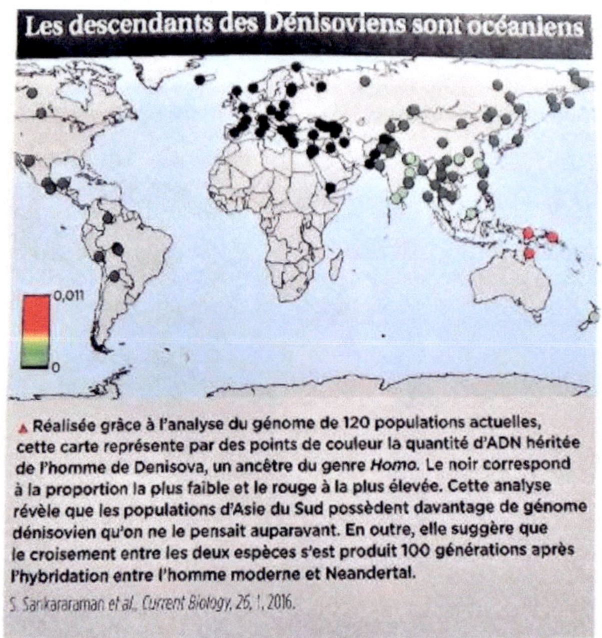

▲ Réalisée grâce à l'analyse du génome de 120 populations actuelles, cette carte représente par des points de couleur la quantité d'ADN héritée de l'homme de Denisova, un ancêtre du genre *Homo*. Le noir correspond à la proportion la plus faible et le rouge à la plus élevée. Cette analyse révèle que les populations d'Asie du Sud possèdent davantage de génome dénisovien qu'on ne le pensait auparavant. En outre, elle suggère que le croisement entre les deux espèces s'est produit 100 générations après l'hybridation entre l'homme moderne et Neandertal.

S. Sankararaman et al. *Current Biology*, 26, 1, 2016.

LR 511

HS est trouvé dans la grotte de *Mislya* (Israel).

-190 000 : la grotte de *Lazaret* (Nice) est habitée par Neandertal avec traces de litières, de feu, de viande et de tailles de silex *LR 521*

-176 000 : Homo Neandertal a construit une structure circulaire dans la grotte de *Bruniquel* (Tarn et Garonne) à 300 m de l'entrée : un anneau formé de plusieurs rangs de stalagmites taillées calibrées et stabilisées ; il y avait aussi des foyers où cuisait de la viande, et il y avait des litières *LR513, LR 521* Les Neandertal anciens maitrisaient les techniques du feu et de l'éclairage (des os brûlés) et ont réalisé un véritable projet en équipe.

-160 000 : des Dénisoviens sont trouvés au Tibet. *PLS 500*

-150 000 : Trois crânes d'HS sont déterrés à *Afar* (Ethiopie) *LR 531*

-130 000 : Des humains exploitent des mollusques marins. Neandertal serait-il passé en Amérique ? Premiers vestiges humains dans ce continent.

-130 000 à - 80 000 ans : c'est le dernier interglaciaire total.

-126 000 à -11 700 ans : Des marsupiaux géants d'1 tonne ont vécu en Australie. niveau de la mer. *LR 544*

-120 000 : Des Neandertal auraient été cannibales, une courte période, grotte de *la Baume* (Valence Fr) *PLS 498* Les Neandertal ne construisaient pas d'habitats fixes mais aménageaient fréquemment leur espace de vie. Ils étaient plutôt carnivores (charognards). *PLS 254*

L'Arabie est une zone de lacs et de savanes fréquentées par la faune africaine pendant un inter-glaciaire. Deux ou trois chasseurs HS ont laissé des traces de pas dans la boue *PLS 519* Les HS sortent d'Afrique *LR 521*. Des fossiles de HS sont trouvés dans la grotte de *Skhul* (Israël)

-100 000 ans : Les HS sont repoussés par Neandertal du Moyen orient. Un métissage entre eux aurait eu lieu là. Neandertal et HS se sont métissés dans une grotte de l'*Altaï* Sibérie *LR510* Les iles *Andaman* dans le golfe du Bengale ont été atteintes à partir de l'Afrique. Sur le site de *Skhul* (Israël) des coquillages percés attestent de la pensée symbolique *PLS 346* Dans un coquillage des hommes ont réalisé des mélanges d'os et de pigments pour obtenir de la peinture *LR 458*. En Afrique HS utilise de la poix *PLS 520*

Au moins six espèces d'humains arpentaient la Terre avec des langages de communication.

Les Homo Flores très petits (1,1 m et souvent appelés *Hobbits*), avec un petit crâne descendraient de Homo Erectus et ont été « découverts » en 2005-2019. Ils chassaient l'éléphant nain, taillait des outils et maitrisait le feu dans l'île de Flores (Indonésie).

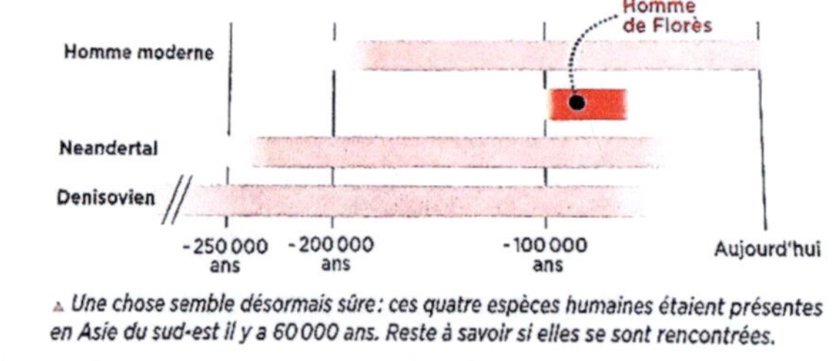

△ *Une chose semble désormais sûre : ces quatre espèces humaines étaient présentes en Asie du sud-est il y a 60 000 ans. Reste à savoir si elles se sont rencontrées.*

     LR 511

-90 000 : *Denny* est une métisse Neandertal-Dénisovien de la grotte *Denisova*   *LR 545*

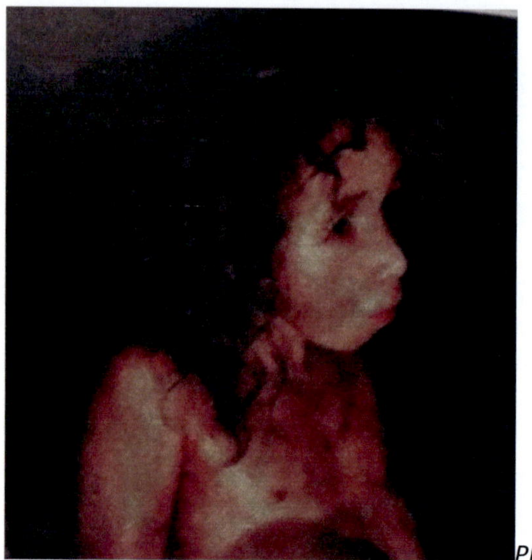

PLS 492

-88 000 : Les premières migrations d'Afrique ; Il y avait une diversité importante de populations africaines tantôt séparées, tantôt échangeant des gènes *LR518*

-80 000 : Des traces de pas d'un groupe de Neandertal dans *la Manche* (Normandie) sont trouvées. *PLS505.* Au campement de *La Folie* (Poitiers) Neandertal a fait du feu et aménagé des litières *LR 521*

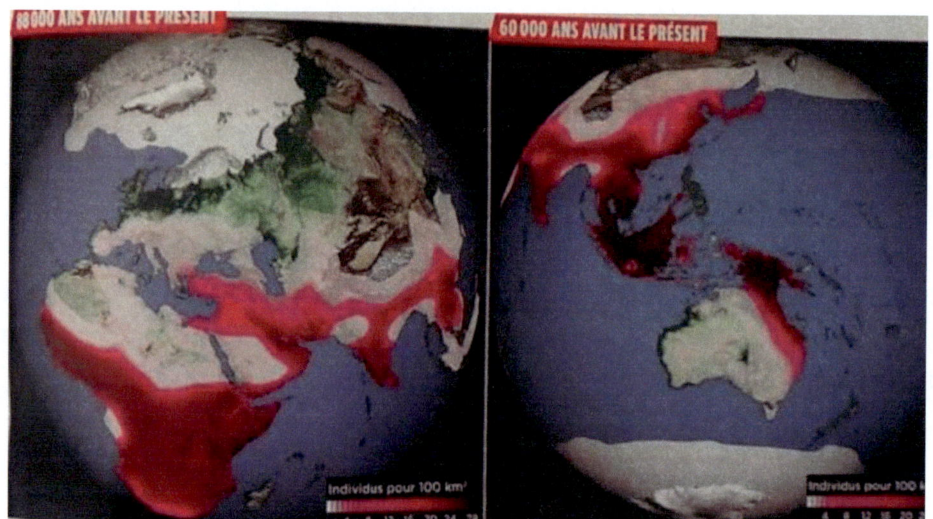

LR 518

-75 000 à -15 000 ans: C'est le dernier âge glaciaire de la planète, peu rigoureux, avec pic en -70 000 et -20 000.

-75 000 : Des pointes bifaciales sont trouvées en Afrique du Sud ; les HS migrent hors d'Afrique. Les plus anciens bijoux sont néandertaliens : des coquillages percés. Des coquillages percés sont trouvés en Algérie (*oued Djebanna*).

-73 000 : Des pointes en os sont utilisées en Afrique du Sud.

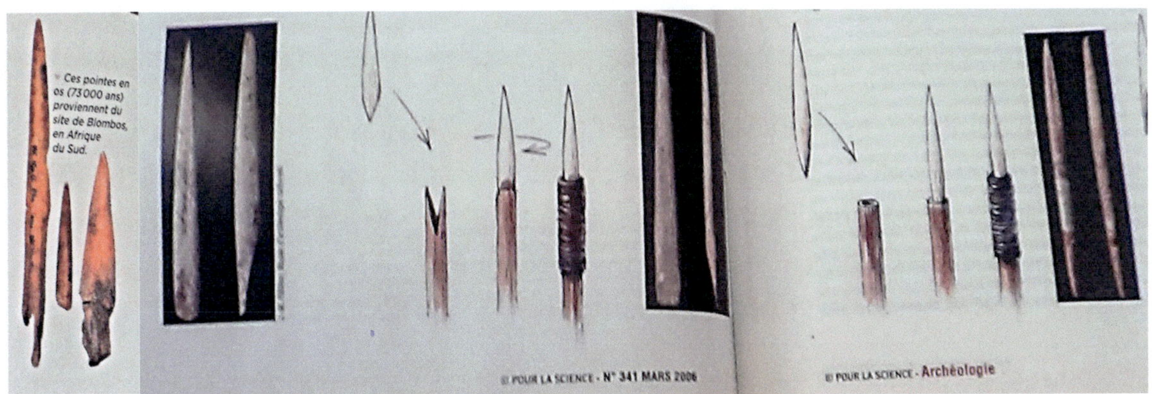

-70 000 à -30 000 ans : c'est la **Révolution cognitive** : Invention des bateaux, lampes à huile, arcs et flèches, aiguilles ; on trouve les premières preuves de religion, œuvres d'art, commerce.

-70 000 : l'homo sapiens commence à élaborer des structures élaborées : les cultures. C'est le début de **l'ère de l'Histoire.** HS en Arabie ; les groupes de HS comptent de 100 à 150 personnes.   Les HS sont des   chasseurs et cueilleurs plus efficaces que les autres humains.

-67 000 : Les Homo Luzon sont de l'île de *Luçon* aux Philippines (grotte de Callao). Ils auraient vécu il y a 67 000 ans. *LR 548*

-65 000 : En Afrique du Sud les pierres sont chauffées sur un feu avant d'être travaillées et taillées avec maitrise ; mais cette technique fut oubliée 5 000 ans plus tard *LR 519*

LR 517

Un dragon de *Komodo* géant peuplait l'Australie, ainsi que des kangourous de 3 m, des serpents de 150kg… qui ont peu à peu disparu (-18 000).

-64 000 : Homo Neandertal a décoré les parois de trois grottes espagnoles en représentant des animaux et des symboles. *LR 534*

-60 000 ans : Des coquillages sont utilisés comme parure au Kénia. HS sort d'Afrique pour aller en Asie.

Un Neandertal a pratiqué neuf entailles sur un fémur de hyène dans la grotte *Pradelle* Angoulême; pour compter ? PLS 538

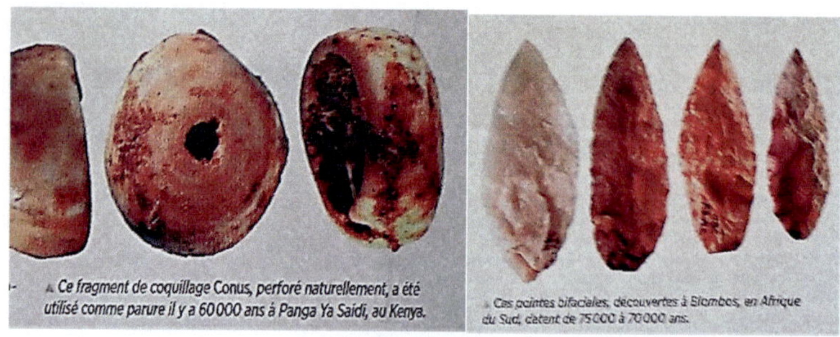

LR 519

-50 000 ans : Extinction de nombreux homininés. HS s'étend, remplace ou absorbe les autres homininés. LR 535 **Homo Denisov disparait.** HS s'unit occasionnellement (troisième vague de métissage) à Neandertal qui lui transmet des gènes permettant à HS de survivre à des infections dans son nouveau milieu LR 521. Neandertal mange du mammouth à *Molodova* (Ukraine). Les facultés cognitives de HS et Neandertal étaient identiques LR 521

Les HS colonisent les iles du sud de l'Asie et ont envahi l'île de Flores et **Homo Flores disparait.**

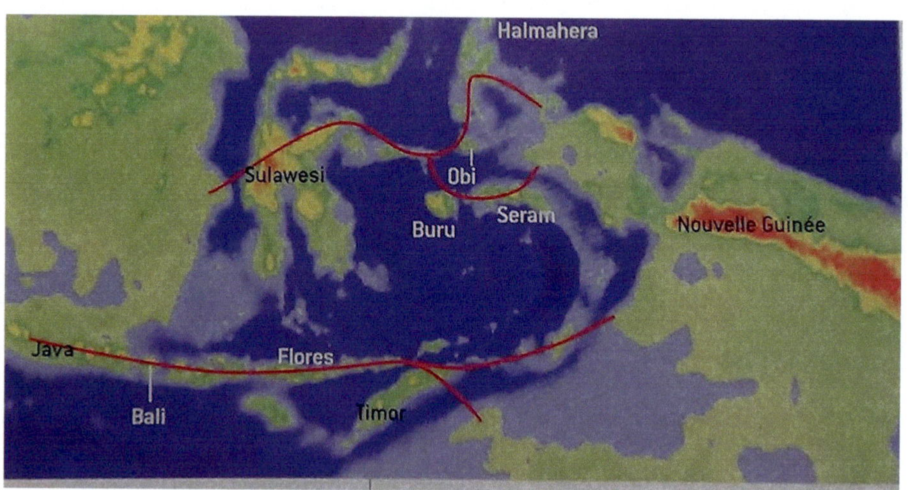

-45 000 : Les HS traversent la mer pour aller en Australie ; les HS de l'archipel indonésien créèrent les premières sociétés de marins ; ils apprirent à construire des bateaux de haute mer, devinrent pêcheurs et commerçants ; ils ont transformé l'écosystème australien d'alors en faisant disparaitre en quelques milliers d'années 23 des 24 espèces animales de plus de 50 kg du continent, ce qui a provoqué un changement aussi de végétation.

Premières implantations de HS dans les régions arctiques où on pouvait congeler la nourriture; près des côtes ou des rivières riches en fruits de mer.

Des humains étaient présents en Éthiopie à 4 000 m d'altitude PLS 504

Les humains de l'époque avaient pour nourriture des termites, baies, racines, lapins, bisons, viandes de mammouths et utilisaient comme outils du silex, du bois, des bambous. Entre -45 000 et -42 000 ans H S et H Neandertal ont vécu dans une Europe du nord glaciale, se sont rencontrés et ont échangé des id ées et des gènes

Un groupe d'humains installé au Moyen Orient serait des Eurasiens-basiques, un groupe fantôme qui a survécu jusqu'en -3 000.

-44 000 : Une œuvre figurative est peinte dans une grotte de *l'ile des Célèbes*.

-41 000 : dans la grotte *El Castillo* les décors sont Neandertal ou HS ? *SV 11-2014*

-40 000 ans : Un os de corbeau comporte une série d'encoches en Crimée. On trouve une belle peinture dans une grotte de Bornéo. *PLS 495*

HS est arrivé sur toute l'Europe.

Tous les humains étaient au nombre de 800 000 sur Terre *PLS483*

Dans la grotte de *La Chapelle-aux-Saints* (Corrèze) Neandertal a fabriqué une sépulture pour l'un des leurs *LR493*

Dans la grotte *du Renne* à Arcy-sur-Cure on a trouvé des bijoux de Neandertal, des tubes en os d'oiseaux fabriqués et décorés et des poinçons en os taillés sur place. *PLS 254*

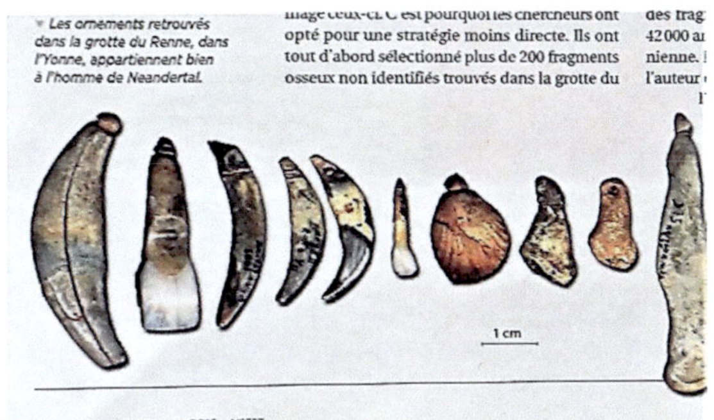

LR 517

Le champ magnétique terrestre a failli s'inverser.

-39 000 : Dans une grotte de *Gibraltar* il y a une gravure neandertalienne.

-36 000 : Dans la grotte *Chauvet* (Ardèche) HS est le seul groupe capable de se projeter dans un millier de représentations artistiques, des fresques animées formant un récit ; d'où une maturité cognitive acquise très tôt. *LR466, 499*

-33 000 : la mer occupe tout le Bassin Parisien

-32 000 (-40 000) : statue homme-lion du *Stadel* Jura

-30 000 ans : On trouve des sites d'inhumation ; les humains sont chasseurs de mammouths ; c'est l'époque de l'invention de codes sociopolitiques.

L'Européen domestique un loup : le chien.

Il n'y a plus de Neandertal ; les HS étaient trop nombreux par rapport à eux. *LR535*

Suivant la théorie du métissage avec les Neandertal, 1à 4% de nos gènes sont néandertaliens, 6% chez les Arborigènes.

Suivant la théorie du remplacement par génocide entre les différents genres humains, HS aurait éliminé Neandertal et les autre Homo.

-20 000 ans : la Terre était recouverte de glaces et neiges sur des épaisseurs de 2km jusqu'à la latitude de Bordeaux ! C'est la dernière oscillation glaciaire qui dure jusqu'en -11 000.

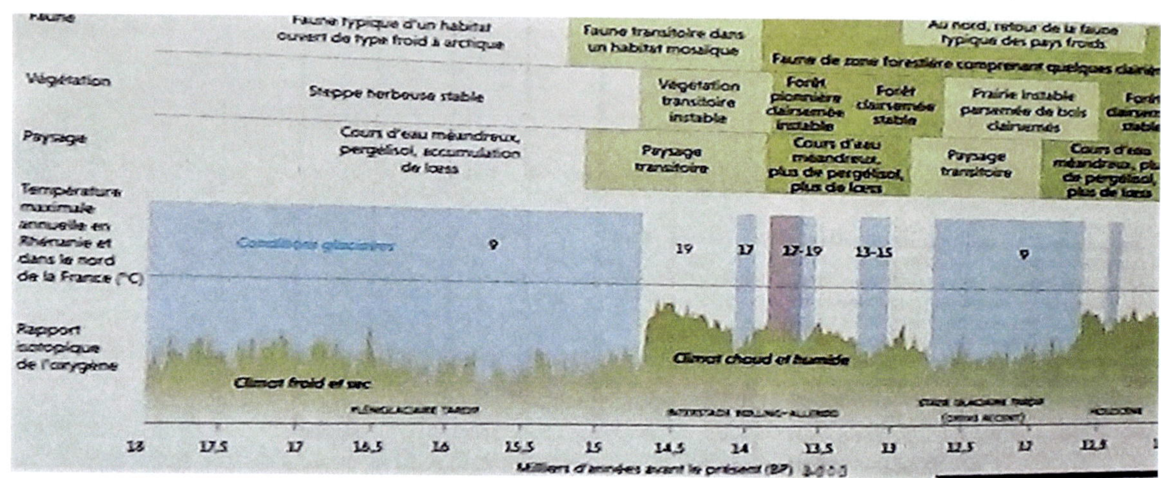

PLS 496

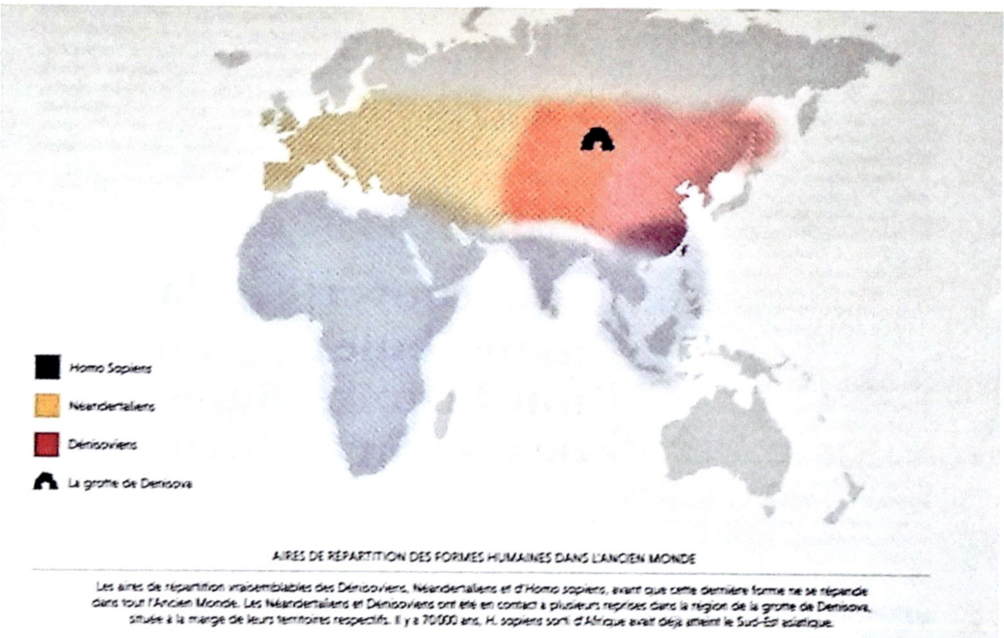

Les aires de répartition vraisemblables des Dénisoviens, Néandertaliens et d'Homo sapiens, avant que cette dernière forme ne se répande dans tout l'Ancien Monde. Les Néandertaliens et Dénisoviens ont été en contact à plusieurs reprises dans la région de la grotte de Denisova, située à la marge de leurs territoires respectifs. Il y a 70000 ans, H. sapiens sorti d'Afrique avait déjà atteint le Sud-Est asiatique.

de -11 700 ans à nos jours... l'.**Holocène**

Le **Mésolithique** et le **Néolithique** se suivent et se terminent par l'apparition de l'écriture vers -3500.

Y Noah Harari : Sapiens une brève histoire de l'humanité 2012 ;

La Recherche N548-201, N556-2020 ;

 Pour la Science N277-2000,

HS : règne : animal ; embranchement : vertébré ; classe : mammifère ; ordre : primate ; famille : *grands singes* ; genre : *homo* ; espèce : *sapiens* (sage ?).

LES DÉBUTS

HS a un ancêtre commun (Homo Erectus) avec les autres Homo, ancêtre qui date de 700 000 ans et HS est apparu vraiment il y a moins de 300 000 ans ; il a cohabité longtemps avec six autres groupes humains : Homo Erectus, Neandertal, Nalédi, Luzon, Flores, Dénisovien, tous **chasseurs-cueilleurs**.

HS est apparu en Afrique ; les fossiles les plus anciens sont répartis sur une large étendue du continent. Des populations diverses d'Erectus ont joué un rôle dans l'émergence lente d'HS où plusieurs branches de notre espèce ont coexisté et évolué progressivement vers l'HS « moderne ».

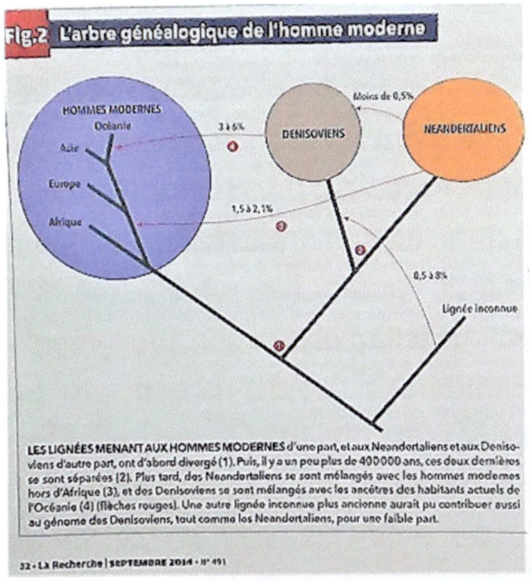

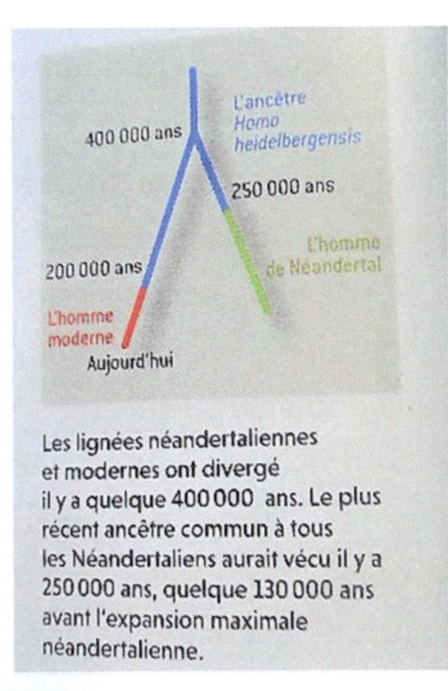

Les lignées néandertaliennes et modernes ont divergé il y a quelque 400 000 ans. Le plus récent ancêtre commun à tous les Néandertaliens aurait vécu il y a 250 000 ans, quelque 130 000 ans avant l'expansion maximale néandertalienne.

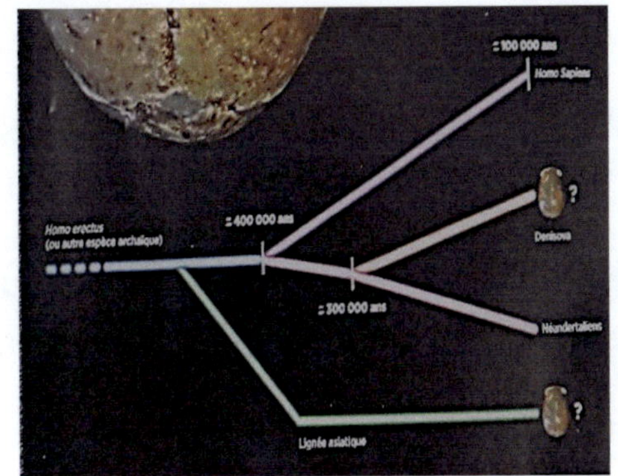

LR 52

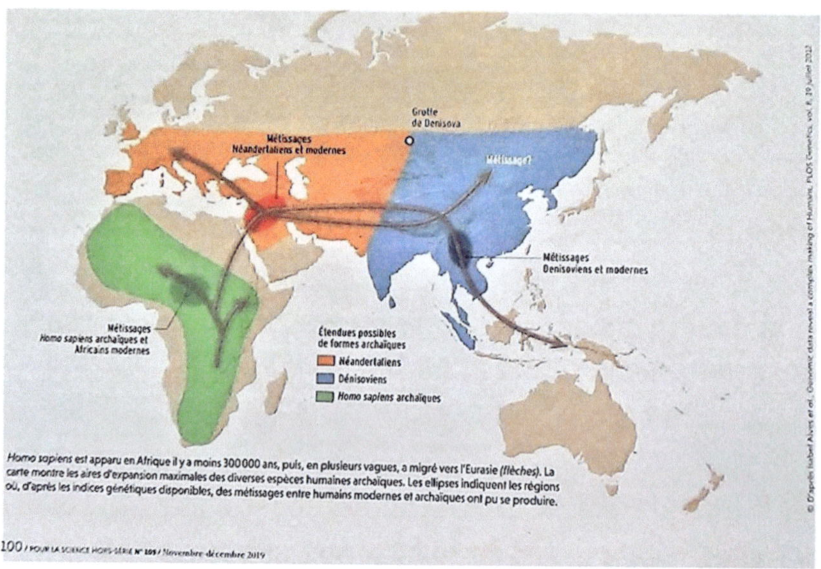

Homo sapiens est apparu en Afrique il y a moins 300 000 ans, puis, en plusieurs vagues, a migré vers l'Eurasie *(flèches)*. La carte montre les aires d'expansion maximales des diverses espèces humaines archaïques. Les ellipses indiquent les régions où, d'après les indices génétiques disponibles, des métissages entre humains modernes et archaïques ont pu se produire.

PLS HS105

-300 000 ans : les plus vieux restes, à ce jour, sont découverts au Maroc, *Djebel Irhoud* LR901

-210 000 : Un crâne d'HS ? est trouvé dans la grotte *Apidima* en Grèce. Une présence humaine est détectée sur l'ile de *Naxos*.

- 200 000 : Neandertal savait produire , par invention fortuite, le brai liquide ou poix de bouleau, une matière plastique et collante, utilisée comme colle (fixer une pierre à un manche) ou comme gomme à mâcher

-200 000 à -150 000 ans : **HS** apparait vraiment et évolue en Afrique orientale. Le crâne de HS évolue en prenant une forme plus ronde, ce qui laisse supposées de nouvelles capacités du cerveau. L'évolution du cervelet est la différence majeure entre HS et Neandertal ; la peau n'est pas la même. L'expansion de HS partant de l'Afrique passe par le Proche Orient puis les autres continents, et est faite sur plusieurs dizaines de milliers d'années, sans échanges génétiques ni culturels notables, mais néanmoins existants. Neandertal nous a passé le gène de la sensibilité à la douleur. Le chromosome Y neandertalien est un chromosome d'ancêtres d'HS alors que le chromosome Y dénisovien est très différent. Les pré-HS et pré-Neandertal avaient eu des liens PLS 518 Les enfants HS étaient allaités jusqu'à 3 ou 4 ans, le maternage incluant père, mère, oncle, tante LR 884-Il y a 4 lignées de HS en Afrique, tous chasseurs-cueilleurs, une d'Afrique centrale (qui a donné les pygmées *Baka, Bakola, Bedzan* du Cameroun, *Mbutis* de R Centrafrique), une d'Afrique du sud qui a donné les *Sans*, une d'Afrique de l'est qui a contribué aux *Bantous (*avec *les Sans)* et aux Eurasiens, et une quatrième aujourd'hui inconnue.

-196 000 : A *KIbish* (Ethiopie) des crânes d'HS sont découverts LR 531 et HS est trouvé aussi dans la grotte de *Mislya* (Israel).LR 533

-120 000 :l'Arabie est une zone de lacs et de savanes fréquentées par la faune africaine pendant un Inter-glaciaire. Deux ou trois chasseurs HS ont laissé des traces de pas dans la boue

-150 000 : Trois crânes d'HS sont déterrés à *Afar* (Ethiopie) LR 531 Les HS sortent d'Afrique LR 521. Des fossiles de HS sont trouvés dans la grotte de *Skhul* (Israël).

-100 000 ans : Les HS tentent de sortir d'Afrique et sont repoussés par Neandertal du Moyen orient. Un métissage entre eux aurait eu lieu là. Neandertal et HS se seraient aussi métissés dans une grotte de l'*Altaï* Sibérie *LR510* Au moins six espèces d'humains arpentaient la Terre à cette époque. Les iles *Andaman* dans le golfe du Bengale ont été atteintes à partir de l'Afrique. Sur les sites de *Skhul* (Israël) et de *Djebbana* Algérie des coquillages percés attestent que la pensée symbolique se développe. *PLS 346* Dans un coquillage des hommes ont réalisé des mélanges d'os et de pigments pour obtenir de la peinture *LR 458* . En Afrique HS utilise de la poix *PLS 520* .

-80 000 : Les lumières apportées par HS commencent à briller partout : des traditions culturelles et des techniques plus élaborées s'installent dans des populations plus nombreuses *PLS 517*

-75 000 : Des coquillages percés formant parure sont trouvés à *Djebana* (Algérie) ainsi qu'à *Blombos* (Afrique du Sud) *PLS 346*

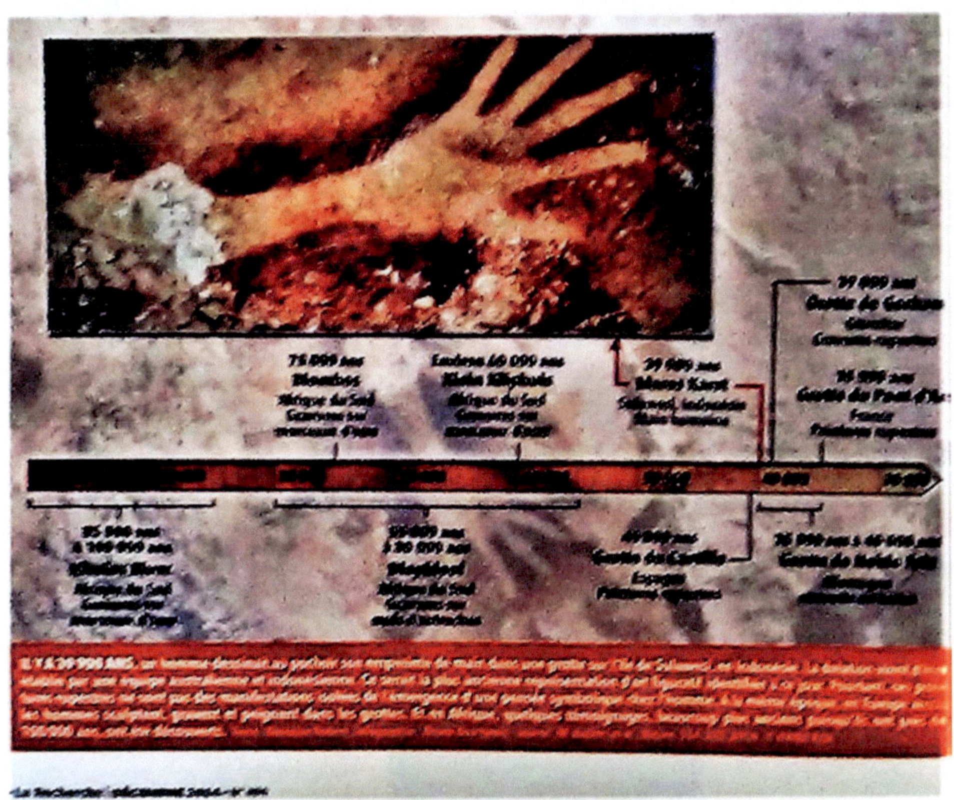

-70 000 ans : L'homo sapiens commence à élaborer des structures élaborées, développe des cultures. C'est le **début de l'ère de l'Histoire**. HS est en Arabie. Les HS sont des chasseurs et cueilleurs plus efficaces que les autres humains; les groupes de HS comptent de 100 à 150 personnes

-65 000 : Des taches d'ocres rouges pourraient être attribuées à HS en Espagne *LRSV 899*

-60 000 ans : D'après un modèle pré-glaciaire le continent américain aurait déjà été abordé par la côte pacifique. *PLS 534* Homo Sapiens est installé en France *PLS 566* Néanderthal a entaillé un os à Angoulême pur inscrire un nombre ou raconter ?*PS 538*

La première vague de migration des HS (-120 00 à -60 000) s'est faite essentiellement par le Moyen Orient et est allée jusqu'en Australie reliée à la Papouasie mais séparée de l'Asie par un long bras de mer.

-54 000 ans : un enfant HS aurait vécu dans l'abri-sous-roche *Mandrin* (vallée du Rhône)

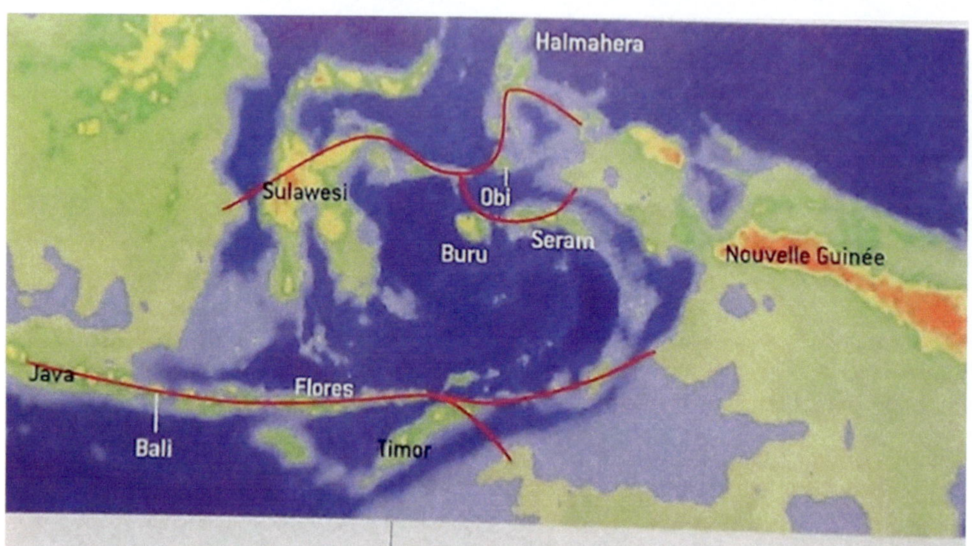

-50 000 ans : Extinction de nombreux homininés. HS s'étend, remplace ou absorbe les autres homininés. *LR 535.* Il s'unit occasionnellement à Neandertal qui lui transmet des gènes permettant à HS de survivre à des infections dans son nouveau milieu *LR 521.* Les preuves de l'existence des HS vont se multiplier *PLS 517*   Des peintures de mains sont trouvées à Bornéo (Indonésie).

-45 500 : des fresques dans une grotte à Sulawesi d'Indonésie représentant des mains et un cochon

-43 900 : autre fresque à Sulawesi représentant des personnages. *LRSV 900*

-45 000 : Les HS traversent la mer pour aller en Australie ; les HS de l'archipel indonésien créèrent les premières sociétés de marins ; ils apprirent à construire des bateaux de haute mer, devinrent pêcheurs et commerçants ; ils ont transformé l'écosystème australien d'alors en faisant disparaitre en quelques milliers d'années 23 des 24 espèces animales de plus de 50 kg du continent, ce qui a provoqué un changement aussi de la végétation.

Des fresques sont trouvées dans une grotte à *Sulawesi* d'Indonésie représentant des mains et un cochon *LRSV 899*

Les premières implantations de HS dans les régions arctiques où on pouvait congeler la nourriture ont lieu près des côtes ou des rivières riches en fruits de mer.

Des humains étaient présents en Éthiopie à 4 000 m d'altitude *PLS 504*

HS est en Bulgarie parmi les Neandertal *LR561*

 Les humains de l'époque avaient pour nourriture des termites, baies, racines, lapins, bisons, viandes de mammouth, et ils utilisaient comme outils du silex, du bois, des bambous.

-44 000 : Une œuvre figurative est peinte dans une grotte de *l'ile des Célèbes* (Indonésie). Une autre fresque à *Sulawesi* représente des personnages. *LRSV899*

Dans la plus ancienne peinture rupestre connue, découverte dans l'île des Célèbes, des êtres mi-humains mi-animaux semblent en train de chasser un gros bovidé. *LR 556*

-42 000 : Dans l'abri côtier de *Jerimalei* au Timor des humains ont rapporté le produit de leur pêche par bateau *LR 461*

-40 000 ans : Un os de corbeau comportant une série d'encoches est trouvé en Crimée. On trouve une belle peinture dans une grotte de Bornéo *PLS 495* , une flute en os sculpté et une autre en os de mammouth en pays souabe *PLS328*   HS est arrivé sur toute l'Europe. Il est noir de peau et le restera longtemps.   HS   construit   des   embarcations   *LR461*. *PLS253*.

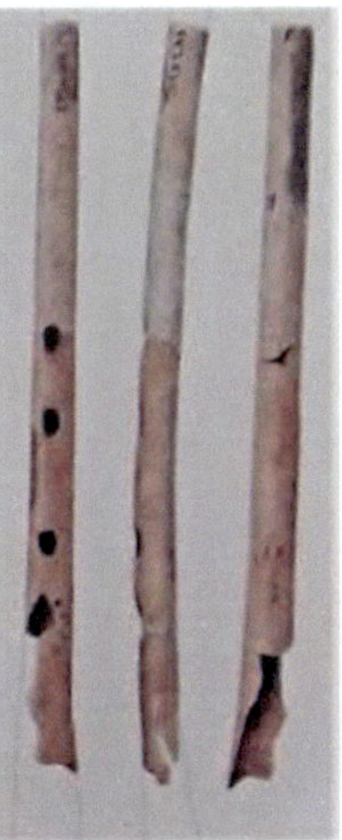

Tous les humains étaient au nombre de 800 000 sur Terre et tous évoluaient (pas seulement HS). Les homos étaient carnivores (-40 000, -17 000…) jusqu'aux grandes religions théistes : ne plus manger de chair humaine car le corps contient une âme sacrée, sorte de particule divine PLS566

-36 000 : Dans la grotte *Chauvet* (Ardèche) LR461 HS est le seul groupe capable de se projeter dans un millier de représentations artistiques, des fresques animées formant un récit, ce qui implique une maturité cognitive acquise très tôt. LR466, 499

-32 000 (-40 000) : Statue de l'homme-lion du *Stadel* (Jura).
-32 000 -25 000 : grotte de *Chiquihuite* au Mexique

-30 000 ans : On trouve des sites d'inhumation ; c'est **l'époque de l'invention de codes sociopolitiques ;** les humains sont chasseurs de mammouth.

-30 000 à -10 000 : En Indes et en Chine on trouve des outils en pierre, des récipients en bois, des objets en bronze, monnaies, un canal, une enceinte, des temples bouddhistes PLS 328 -On a trouvé une activité humaine controversée à *Pedra Furuda* au Brésil PLS 525

Il n'y a plus de Neandertal ; les HS étaient trop nombreux par rapport à eux. LR535 Suivant la théorie du remplacement par génocide entre les différents genres humains, HS aurait éliminé Neandertal et les autres Homo.   Suivant la théorie du métissage nos gènes ne sont pas purs. HS s'est croisé notamment avec Neandertal : on a retrouvé dans nos gènes la trace de ces unions anciennes il y a 40 à 50 000 ans. 1 à 4% de nos gènes sont néandertaliens, 6% chez les Aborigènes. Les populations européennes et asiatiques présentent 3% d'ADN neandertalien. Même les Africains, ceux du nord et du sub-saharien, ont des ancêtres neandertaliens (0.5 à 1.7% d'ADN) PLS 510 Neandertal nous a légué sa sensibilité à la douleur par le gène SCN9A PLS 517.

Les populations d'Asie continentale ont 0,2% des gènes Dénisovien, mais la contribution dénisovienne est de 3 à 5 % du génome des populations de Malaisie et d'Australie (ancêtres des Papous et Aborigènes).

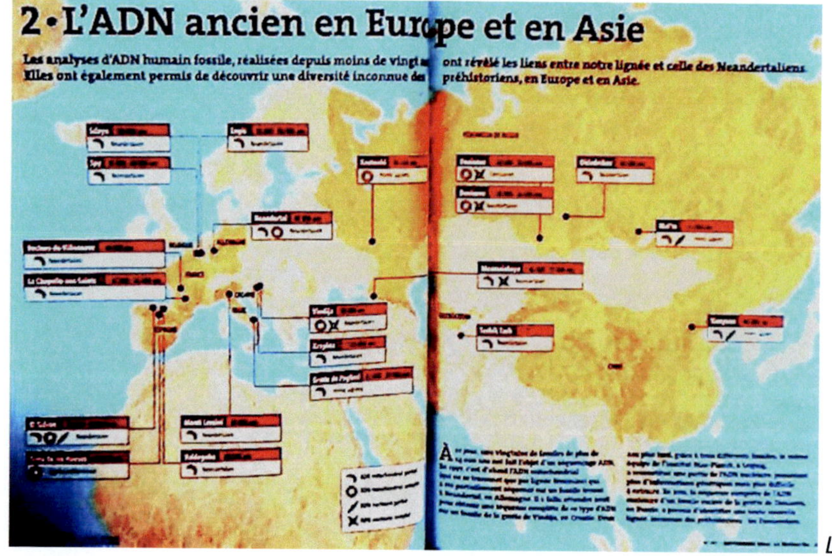

LR 491

Chez HS le cerveau représente 2 à 3% du poids du corps et consomme 25% de son énergie, beaucoup plus que pour les autres animaux…. L'HS détourna de l'énergie de ses biceps vers les neurones dont les réseaux n'ont cessé de croitre pendant 2 millions d'année dans les cerveaux des homininés. Les changements de morphologie de la face (arcades sourcilières et visage réduits, crâne en forme de ballon, face courte et plate terminée par un menton saillant), sont dus aux évolutions d'hormones comme la testostérone, la sérotonine, l'ocytocine… qui ont agi sur les dents moins volumineuses, sur les poils moins abondants, sur le comportement. HS a perdu plus de 500 fragments d'ADN existant chez les chimpanzés. HS a eu des périodes de quasi-extinction, … mais la communication coopérative acquise a facilité les liens en vue d'objectifs à atteindre, a permis les fondements des apprentissages. HS s'est auto-domestiqué (Darwin). Les cycles de reproduction, l'agressivité… ont évolué …mais il y a eu surtout extension du réseau social *PLS 517*

 Il a une marche redressée sur 2 jambes, une main de plus en plus sensible et experte, des migraines et des raideurs de la nuque… Les européens de l'ouest ont les yeux bleus depuis -40 000 ans, mais ont la peau sombre jusqu'au néolithique.

Un être humain est formé de cent mille milliards de cellules (10^{14}) issues d'un seul embryon et toute cellule comporte la même séquence d'ADN longue de 3 (ou 9 *PLS HS116*) milliards de nucléotides (les lettres A, C, T,G, cellules souches qui se différencient ensuite) *LR N507* et formé de 23 000 gènes, 640 muscles et 206 os mais surtout de 65% d'eau (un humain de *70 kg* contient *45 l* d'eau). En comparant l'ADN de deux HS contemporains sur 10 000 lettres, 10 diffèrent ; avec un Neandertal 12 différent et avec un chimpanzé 120 ! L'ADN n'est pas seul à gouverner le fonctionnement de nos cellules et de notre organisme ; il doit compter sur l'apport des milliards de bactéries et virus de notre microbiote intestinal et des modifications épigénétiques qui influent sur l'expression de nos gènes. Notre anatomie a une histoire.

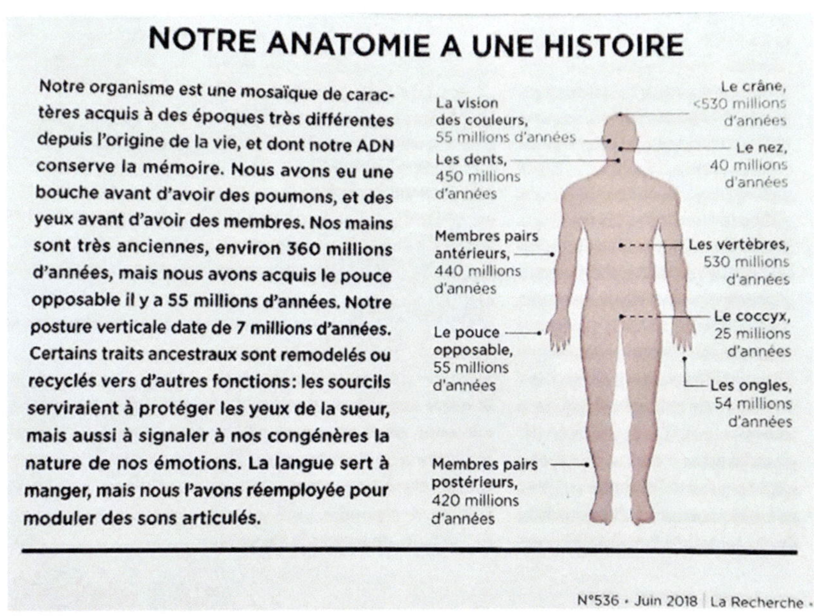

NOTRE ANATOMIE A UNE HISTOIRE

Notre organisme est une mosaïque de caractères acquis à des époques très différentes depuis l'origine de la vie, et dont notre ADN conserve la mémoire. Nous avons eu une bouche avant d'avoir des poumons, et des yeux avant d'avoir des membres. Nos mains sont très anciennes, environ 360 millions d'années, mais nous avons acquis le pouce opposable il y a 55 millions d'années. Notre posture verticale date de 7 millions d'années. Certains traits ancestraux sont remodelés ou recyclés vers d'autres fonctions: les sourcils serviraient à protéger les yeux de la sueur, mais aussi à signaler à nos congénères la nature de nos émotions. La langue sert à manger, mais nous l'avons réemployée pour moduler des sons articulés.

N°536 · Juin 2018 | La Recherche · *LR 536*

Nos ancêtres ont chassé et cueilli pendant des dizaines de milliers d'années ; les HS ont été des **fourrageurs** pendant le Paléolithique restant. Ils ont inventé des armes de jet performantes. Nos ancêtres géraient les changements saisonniers, et anticipaient les déplacements de leurs proies potentielles qu'ils chassaient en fonction de leur besoins *LR 548*. Les HS n'avaient accès qu'à un seul produit sucré : le fruit mûr ; la vie en commun se faisait sans propriétés privées, avec des relations souvent monogames : aucun homme ne sachant si les enfants étaient les siens, la sollicitude était égale pour tous les petits (paternité collective : indiens Bari). Beaucoup de femmes mouraient en couches ; il y a des naissances précoces et l'aide des autres membres du groupe est nécessaire. Il y a donc une capacité à coopérer entre individus non apparentés … Les fourrageurs trimbalaient tous leurs biens sur leur dos fréquemment, en ayant l'essentiel ; donc il y a peu de traces laissées à la postérité. Or aucun autre Homo n'a colonisé la planète entière.

Aucun autre animal que HS ne s'est livré au commerce en développement qui ne peut exister sans confiance établie en échangeant des informations. Il n'y a pas de dieux dans l'univers, de nations, d'argent, de droit de l'homme, de loi ni justice hors de l'imagination commune des êtres humains … : c'est l'apparition de la fiction chez HS.   …. Il s'agit de raconter des histoires et de convaincre les gens d'y croire… Cela permet à des millions d'inconnus de coopérer et de travailler ensemble à des objectifs communs… Tant que la croyance commune persiste, la réalité, l'entité imaginaire exerce une force dans le monde. C'est l'époque de la diffusion des grands mythes. N Harari

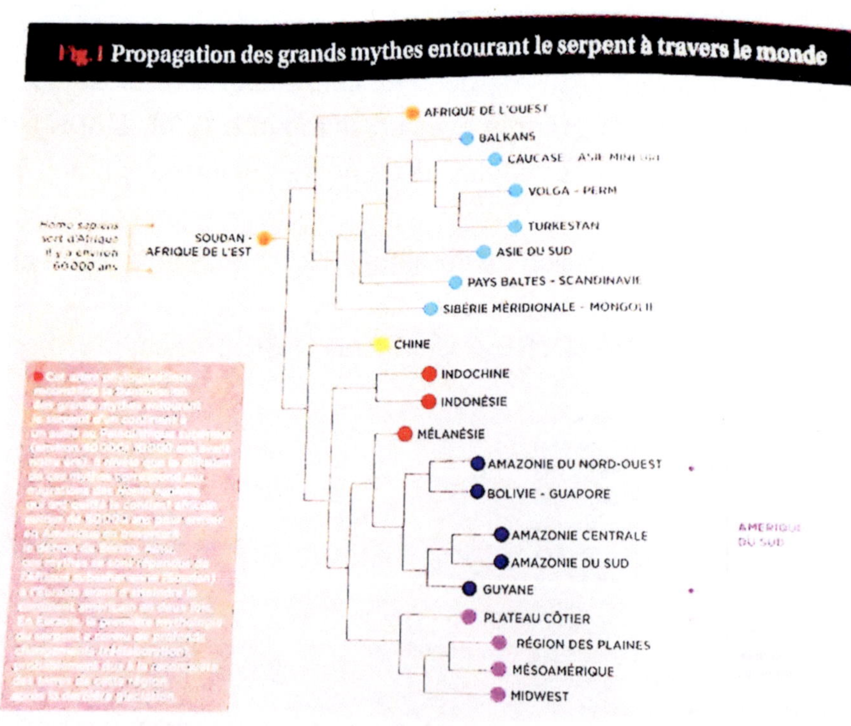

LR 517

-29 000 : La peau et les cheveux clairs apparaissent en Eurasie, importés d'Afrique *PLS 482* Les gènes associés aux yeux, peau et cheveux clairs apparus en Afrique se sont répandus en Eurasie peu à peu et totalement en -6 000 ; il y a eu de nombreuses mutations du gène de la couleur.

-28 000 à -22 000 : statuette « Venus » à Amiens *LR 555*

PLS 253, 508

-27 000 : Un visage humain est peint sur une paroi de la grotte de *Vilhonneur* en Charente *PLS 345*

-25 000 : Culture *Clovis* au Nouveau Mexique et au sud du Canada ; les Homos seraient venus par Beiring.

-24 000 : Des objets de pierre au nord-est du Brésil ont-ils été façonnés par l'homme ? *LR 492*

-23 000 : Au Moyen Orient on trouve du froment et de l'orge pour fabriquer de la bière ? *PLS 325*

Des pas d'humains en Amérique

-22 000 : Sur une rive du lac de Tibériade une « cuisine » paléolithique avec plan de travail pour fabriquer du pain avec de l'orge sauvage a été mise au jour. *PLS 324*

-21 000 à -14 000 : l'Angleterre et l'Europe étaient liées par une mer de glace et la Manche était réduite à un fleuve *PLS348*. Il fait -7,7° par rapport à aujourd'hui ; l'Europe l'Amérique et l'Asie du Nord sont gelées. LR884 -21 000 est le pic de la dernière période actuelle de glaciation PLS566

-20 000 ans : Le plus ancien instrument de mesure de la durée retrouvé serait un os de rapace : un sorcier de la préhistoire y aurait-il gravé un calendrier lunaire à l'aide d'encoches ?

Domestication du chien à partir du loup.

La vision de l'univers **animiste** de l'époque est magique : tout événement naturel est la manifestation d'un esprit ; alors tout est, semble, normal, familier. « Ça arrive » : un point, c'est tout ! On vit dans l'immédiat.

Premières langues aborigènes au sud du golfe Carpentarie.

La grande expansion des Vascons :

- 20 000 à -14 500 : c'est la préhistoire multiculturelle du pléistocène américain par route côtière Pacifique.

- 20 000 ou -15 000 : La magnifique grotte de *Lascaux* ; les peintures sont l'œuvre de véritables artistes ; on sait utiliser l'argile et le feu pour fabriquer des figurines

-18 000 : Gravure d'aurochs et de nombreux autres animaux sur une roche au sud Égypte. Les habitants de la vallée du Nil

2. APRÈS LA GRANDE VAGUE DE FROID qui a recouvert l'Europe il y a 20 000 ans, les hommes préhistoriques réfugiés dans le Sud-Ouest de la France et le Nord-Est de l'Espagne (en rouge), partirent à la reconquête du continent : la plus grande contribution génétique au peuplement actuel de l'Europe provient aujourd'hui de ces Vascons. La vague migratoire qui a colonisé le Nord de la Scandinavie est plus tardive.

s'adaptent à ses crues et sont obligés à une certaine semi-sédentarité. Le retrait des énormes glaciers qui recouvraient la France est commencé

Les HS ont foulé le sol américain.

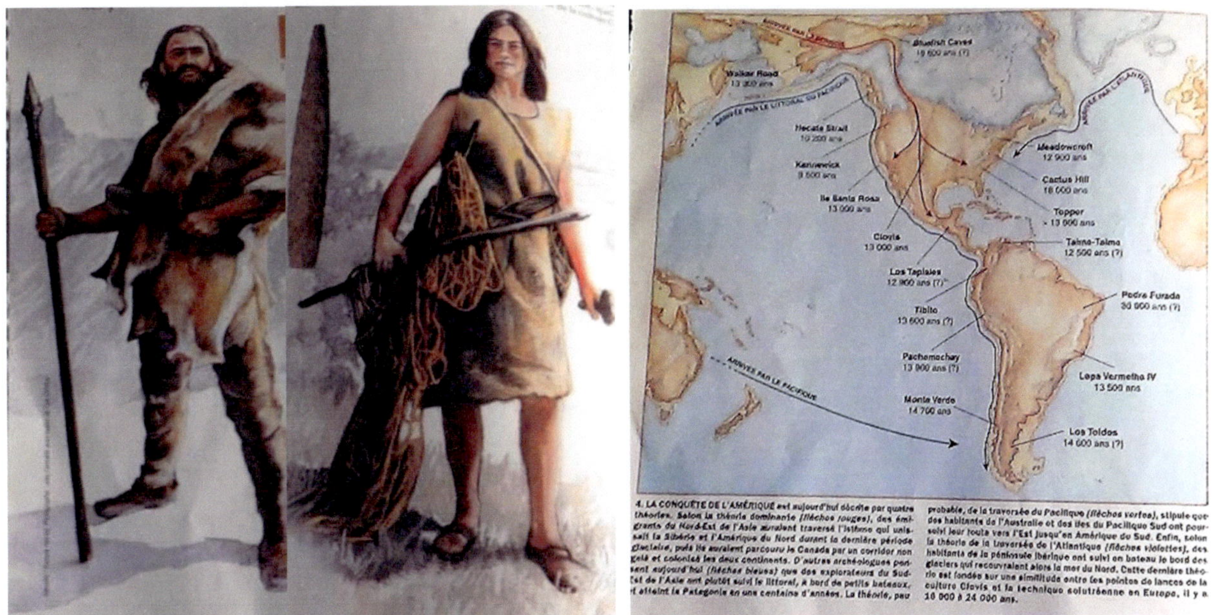

PLS 277

L'hémisphère nord est recouvert de glace sur plusieurs km d'épaisseur, ce qui entraine une baisse du niveau des océans et crée un pont entre Sibérie et Amérique du Nord. *PLS 237*

-15 700 : HS va en Amérique en passant par *Béring* ; l'extinction de la mégafaune d'Amérique se fera en quelques milliers d'années.

-15 000 : Le chien est domestiqué ; les HS poursuivent des gros gibiers comme les mammouths. On trouve de belles gravures d'animaux dans la grotte *Font Major* (Espagne) *LR 557*

-15 000 à -11 000 ans : En Europe c'est la *civilisation Magdalénienne* de grands chasseurs côtoyant des rennes, des bisons, antilopes et mammouths. Les outils et armes de cette époque sont à peu près les mêmes sur tout le territoire. On consomme du renne, des poissons, du petit gibier et en moindre mesure des produits de la cueillette ; les marmites étaient creusées dans la terre et étanchées par des peaux ; les clans de 25 à 30 personnes vivaient dans des campements qu'ils quittaient rarement *PLS 496*. Les magdaléniens ont dessiné, peint, gravé et sculpté des Vénus partout de même style. Ils s'installent au nord de la France.

PLS341

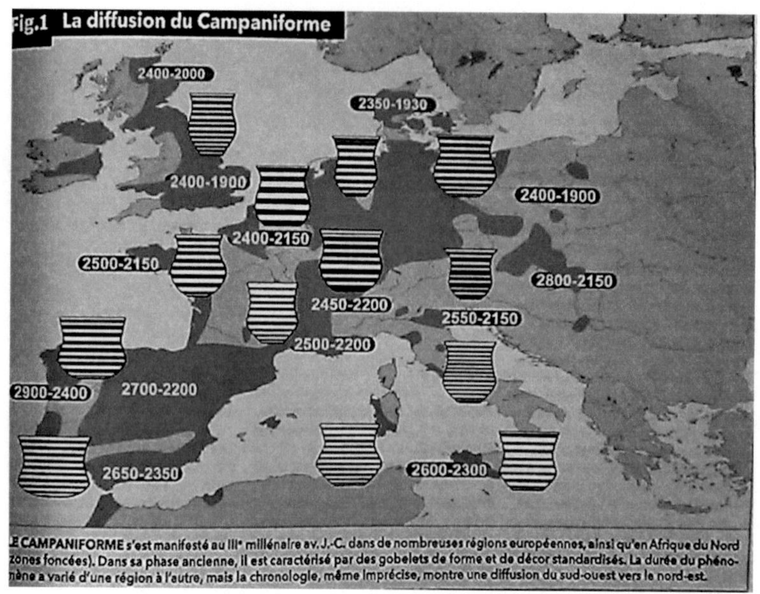

-14 200 : Grottes de *Paisley* côte Pacifique nord

-14 000 ans : Une trentaine de personnes vivaient à *Monte Verde* au Chili, arrivés par mer ? Le Nouveau Monde est pluriethnique depuis des millénaires. Des amérindiens en Sibérie.

-13 000 : c'est l'extinction complète d'Homo Flores ; **l'HS reste seul Homo.**

Jéricho est une bourgade d'une centaine d'habitants.

-13 000 à -9 000 : des chasseurs sibériens arrivent au Pérou.

HS exerce le commerce de coquillages, d'ambre et de pigments entre tribus ; il transporte des plantes et mollusques dans des paniers tressés; il utilise des collets et tisse des étoffes légères d'origine végétale; il construit des bateaux : les premiers américains du nord naviguaient sur les fleuves et le long des côtes. Les études génétiques montrent que les amérindiens viennent de Sibérie centrale. Et des traces de pas sont relevées en Colombie britannique. *LR535*

-12 700 : La dernière ère glaciaire commencée il y a 100 000 ans s'achève lentement ; Les spécialistes de la toundra européenne ont vu leur territoire se transformer en forêts mais la température moyenne reste de l'ordre de 9 ° et passe en cent ans à 19° *PLS 496*

-12 500 à – 9500 ans : les *Natoufiens* du Moyen Orient vivent en villages permanents mais sont toujours chasseurs-cueilleurs. A *Shubayqa* Jordanie du pain a été cuit à partir de blé sauvage.PLS538

-12 000 : Retour à des oscillations glaciaires de courtes durées.

Sur l'archipel de la Terre de Feu les Homos sont arrivés. Des hommes extrayaient de l'ocre rouge à *Sac Actum* une grotte marine du Mexique. Le coq et la poule étaient domestiqués en Chine. *LR883*

Sur le Nil au nord du Soudan 59 cueilleurs-chasseurs ont été tués par une tribu rivale *PLS 497*

5 à 8 millions de fourrageurs se répartissent sur Terre avec des réalités imaginaires très différentes… et vivent en petites bandes d'une douzaine à une centaine d'individus.

Ce qu'un HS doit apprendre : savoir faire un couteau en silex, repriser un manteau, tendre un piège à un lapin, faire face à des avalanches, à des morsures de serpent, ou des lions, connaitre les aliments les plus nourrissant, ceux qui rendent malade, ceux qui ont des effets curatifs.

Sur le plan individuel l'histoire n'a pas connu hommes plus avertis et plus habiles que les anciens fourrageurs ; le cerveau a diminué de taille depuis ! Le fourrage assurait une nutrition idéale très variée leurs corps y étant bien adapté : l'espérance de vie de 30 à 40 ans pouvait atteindre 60 ans ; il n'y avait pas d'épidémies. Ils habitaient de petits camps qu'ils quittaient souvent sans trop s'éloigner construisant des espaces de stockage semi nomades d'où une certaine régionalité *PLS496* Mais la société était rude et impitoyable : abandon des vieux, des invalides, des bébés non désirés… Néanmoins la diversité des taux de violence chez les fourrageurs, 4%, n'était pas moindre que celle des religions ou structures sociales actuelles. Les croyances animistes étaient répandues : chaque lieu, animal, plante, phénomène naturel a une conscience et des sentiments et peut communiquer avec les humains comme les esprits des morts, les fées, les démons : il n'y a pas de hiérarchie ni de barrière entre les humains et les autres êtres. La notion de durée est bien connue par l'alternance jour, nuit et celle des lunaisons et des saisons; mais la conscience d'une durée de vie n'est pas ainsi que celle du temps qui fait durer la durée.

HS a gravé sur une plaquette de grès retrouvée à *Angoulême* des chevaux et aurochs en superposition.

- 11 500 : L'Europe et le Moyen Orient sortent d'une glaciation PLS 516 Le réchauffement climatique a permis un meilleur passage vers Alaska-Amérique ; le peuple est venu d'Asie par le détroit de Behring PLS 484 ; la faune américaine d'alors a presque disparu après l'arrivée des HS : 34 des 47 gros mammifères ont disparu et c'est la fin des

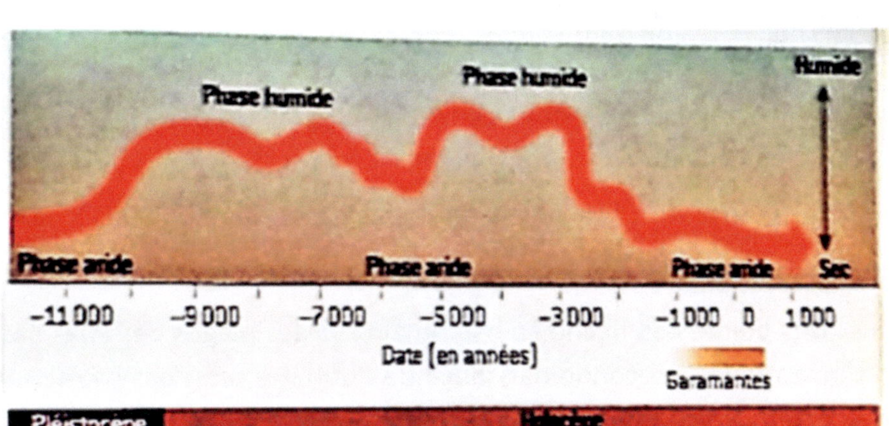

5. Le climat du Sahara a notablement varié au cours des derniers millénaires. Deux phases humides sont séparées par une période plus ou moins aride entre −7 000 et −5 000. Une autre phase d'assèchement a commencé vers −3 000 et a conduit à l'environnement désertique que l'on connaît aujourd'hui.

paresseux. Des dessins et peintures de l'abri sous roche de *Chiribiquette* en Amazonie colombienne remontreraient à cette date : ils sont magnifiques comparables à Lascaux. *PLS 498*

Mésolithique

-11 000 ans : Le Sahara est humide et verdoyant pendant 3 à 4 000 ans ; le lac Tchad est grand comme la mer Caspienne !

Sur une colline turque des mégalithes de plusieurs mètres formaient des sanctuaires érigés par des cueilleurs-chasseurs pour démonstration de leur force ; certains mégalithes portent des bas-reliefs représentant des animaux ou des formes géométriques *PLS482* A *Gobelki Tepe* on fabriquait de grandes quantités de gruau.

Sédentarisation dans le Croissant fertile… bande allant de la vallée du Nil à la haute Mésopotamie en passant par le Levant et l'Anatolie sud.

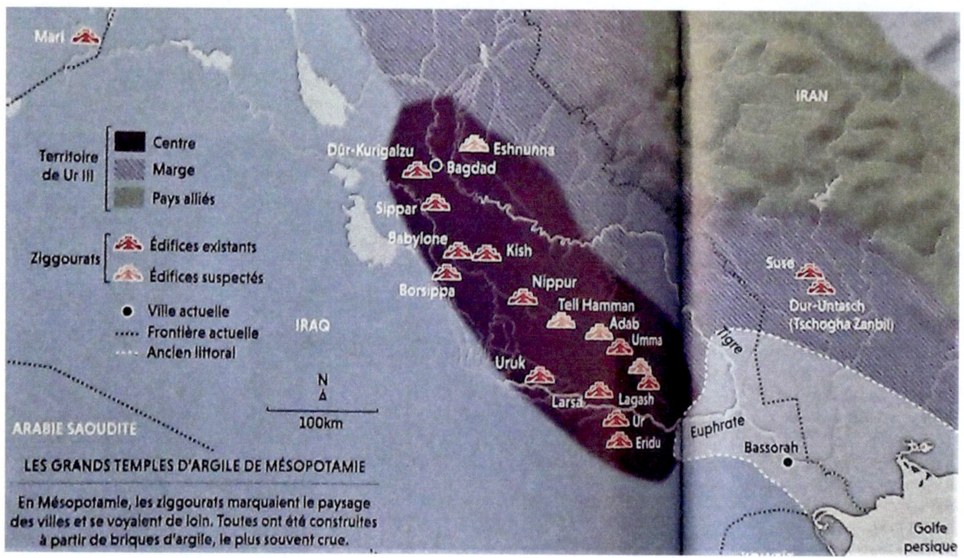

Les nouveaux paysans sont à la recherche, par familles entières, de terres fertiles … Parlaient-ils **basque** ? Ils se sont vite multipliés…. Les femmes suivaient leur futur mari… Ils n'étaient pas très grands, cheveux et yeux foncés, peau un peu claire. *PLS 516.* Les femmes étaient plus musclées que les athlètes modernes *PLS 484*

-10 000 à -8 000 : Les HS sont arrivés à la pointe de l'Amérique du Sud.

-10 500 : La vache est domestiquée en Anatolie *PLS 504* et des chèvres domestiquées en Iran *PLS525*

-10 000 ans : Des pointes de flèche en os humain sur des plages des Pays bas *LR 888*. L'homme s'est auto-domestiqué … seconde naissance de l'homme tenu par sa maison *PLS 483*. Blé, orge, lentilles, pois, moutons, chèvres sont domestiqués en Europe, le riz, le cochon en Asie.

Une comète a vitrifié l'*Acatama* au Chili *PLS531*

-10 000_-5 000 : à Pontarlier vivaient de cueilleurs- chasseurs tandis que d'autres humains venus du Moyen Orient introduisaient culture-élevage.

- 9700 : Au nord du Tigre, chasseurs-cueilleurs et agriculteurs se combattent *PLS 497*

-9 500 : Les piliers de *Göbekli Tepe* en Turquie sont gravés à fin culturelle : domestication initiale du blé ? ou temple ?

-9 000 : Des fragments de poteries sont découverts au Sahara central, traces d'une certaine agriculture ?

Les3/4 des terres de notre planète sont occupés par les HS ; il y avait alors environ 8 millions d'habitants sur Terre.

LE NÉOLITHIQUE

PLS N234-1997, N287-2001, N 308-2003

Le néolithique est l'âge de la pierre polie, les haches ne sont plus simplement taillées. Les outils et les techniques s'améliorent et se diversifient : racloirs, têtes de flèches, poteries. C'est

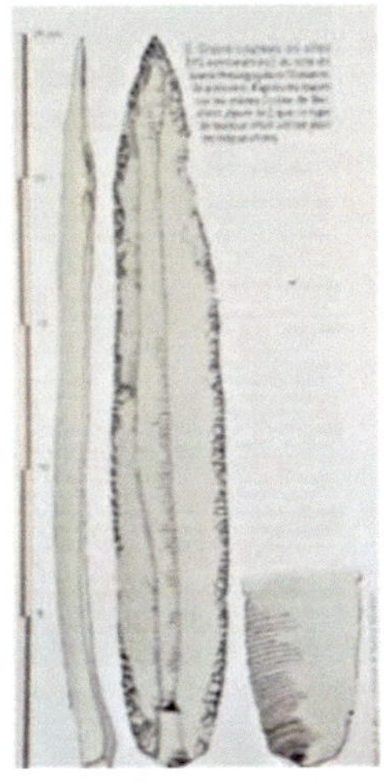

4. DES TESSONS DE POTERIES datés de 7 600 avant J.-C., retrouvés dans plusieurs sites du Sahara central, marquent l'apparition du Néolithique. Cinq ou six décors caractérisent ces poteries. Les motifs différents portés par les poteries du Sahara et du Proche-Orient à la même époque indiquent des inventions indépendantes dans ces deux foyers culturels.

PLS 234

l'âge d'or de la trépanation avec des couteaux en silex de 25 cm qui présumaient d'une très grande dextérité et d'une bonne connaissance anatomique

Une partie d'Israël-Liban, de la Turquie et de l'Irak forment le Croissant fertile : les hommes prennent conscience de leur pouvoir sur le milieu. *LR 461* Les chasseurs-cueilleurs du Proche Orient produisaient des semoules, du pain et de la bière à partir de céréales récoltées dans la nature. Le coq et la poule ont été domestiqués en Chine.

Les peuples du Néolithique indo-européens ont imposé l'**agriculture** puis la **métallurgie** en

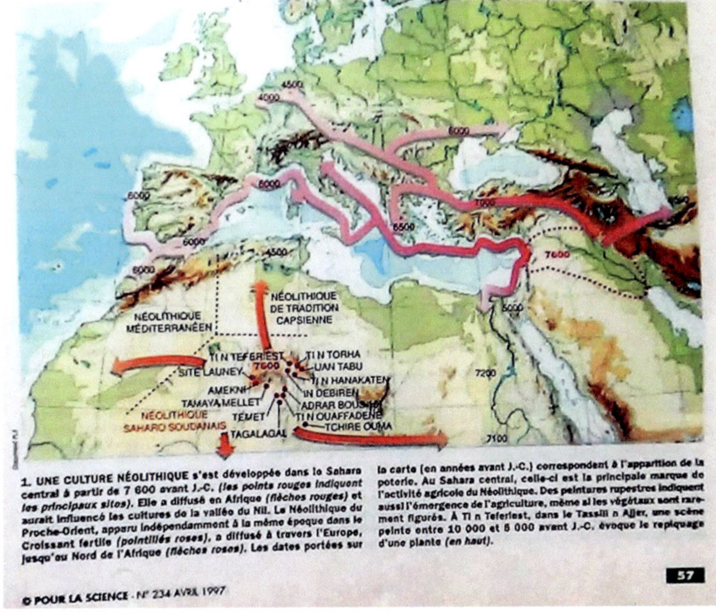

1. UNE CULTURE NÉOLITHIQUE s'est développée dans le Sahara central à partir de 7 600 avant J.-C. (les points rouges indiquent les principaux sites). Elle a diffusé en Afrique (flèches rouges) et aurait influencé les cultures de la vallée du Nil. Le Néolithique du Proche-Orient, apparu indépendamment à la même époque dans le Croissant fertile (pointillés roses), a diffusé à travers l'Europe, jusqu'au Nord de l'Afrique (flèches roses). Les dates portées sur la carte (en années avant J.-C.) correspondent à l'apparition de la poterie. Au Sahara central, celle-ci est la principale marque de l'activité agricole du Néolithique. Des peintures rupestres indiquent aussi l'émergence de l'agriculture, même si les végétaux sont rarement figurés. À Ti n Teferiest, dans le Tassili n Ajjer, une scène peinte entre 10 000 et 5 000 avant J.-C. évoque le repiquage d'une plante (en haut).

© POUR LA SCIENCE · N° 234 AVRIL 1997

91

Europe il y a environ 8 000 ans. L'homme sème des graminées, fabrique des poteries pour les conserver. La poterie résistante au feu permet une nouvelle cuisine. Les motifs de décoration des poteries sont nombreux et variables suivant les régions du monde. Sur les gravures l'homme devient omniprésent, et quelque fois des personnages gigantesques sont représentés : des dieux ou des hommes surpuissants ? (Grotte du *Tassili*). La pratique des sépultures est observée. En se fixant l'homme a créé l'engrenage de sa propre domestication. Le néolithique est l'âge de la **sédentarisation** accélérée et celle des expressions symboliques qui se développent.1

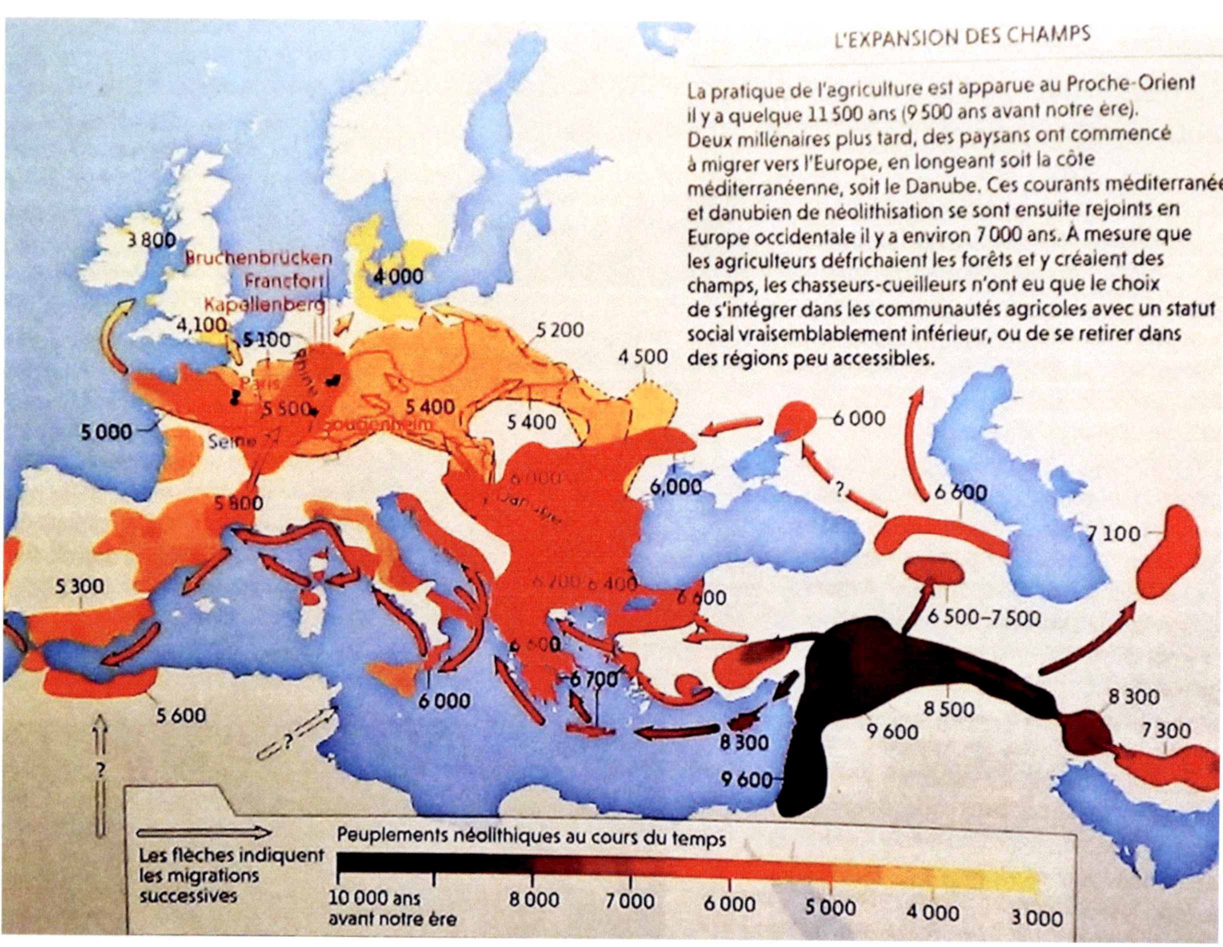

Ce nouveau mode de vie diffuse, par les hommes, vers l'ouest par voie terrestre, le courant danubien, et arrive assez lentement jusqu'au *Bassin parisien* (en -4 000) ; par voie maritime (courant méditerranéen) il arrive en -6 000 à *Gibraltar* et sur une frange du littoral africain, jusqu'à *Oran*. Puis il se propage peu à peu en Afrique profonde jusqu'en - 3 000. À *Jerf el Ahmar* sur l'Euphrate le bâtiment communautaire servant de silos est entouré de maisons villageoises quadrangulaires. *LR459,*

PLS 482

Les premiers habitats en dur s'étirent le long de l'*Euphrate* et du *Tigre* ; ils couvraient moins de 200 ha et 150 à 300 personnes y habitaient.

Gobékli (Turquie)   *PLS 482*

A *çatalhoyuk* Turquie la ville comportait des maisons collées les unes aux autres ; on entrait par une ouverture sur la terrasse. Elle a pu compter 8 000 habitants.

-8 000 : les chèvres sont domestiquées dans le Sinaï.

Premiers habitants au Mexique : des figurines du *Huitzilapa* ouest de Guadalajara et des tombes-puits (3 à 20m), des céramiques sont trouvées PLS 321. Un puits à *San Marcos* (5m de profondeur) ; la gestion de l'eau a commencé tôt chez les pré-Aztèques.

7 000 à -5 000 : le Sahara devient aride, l'hémisphère nord est soumis à une forte baisse des températures.

- 7 000 : Les marins protégeaient la coque de leurs bateaux par un calfatage à la poix.

La stèle gravée de Khashabieh se trouve en Jordanie PLS551

Ces vases en forme d'animaux, exhumés à Vösendorf, en Autriche, datent de l'âge du bronze.

LR 553   PLS 298

Des habitants d'Autriche utilisaient des petits vases en forme d'animaux comme biberons remplis de lait de mammifère. *LR 553*

-6 400 : La modification du climat en Afrique suscite l'adoption d'un autre mode de production

sur les bords du Nil en s'orientant vers l'agriculture sédentaire ; l'orge, le blé, les moutons et chèvres sont domestiqués.

-6000 à -4 000 : Les pêcheurs péruviens, arrivés là par mer, avaient une alimentation qui provenait essentiellement de l'océan : mollusques dont gastéropodes, poissons dont bars, chinchards, bonites, sardines, requins. La pêche se faisait à la ligne, au filet à fines mailles, ou sur des embarcations, des petits radeaux en bottes de joncs ou des bateaux en peau d'otaries étanchés par de la graisse. Ils fabriquaient des hameçons, harpons et pratiquaient aussi en hiver la chasse terrestre : cervidés, rongeurs… ;

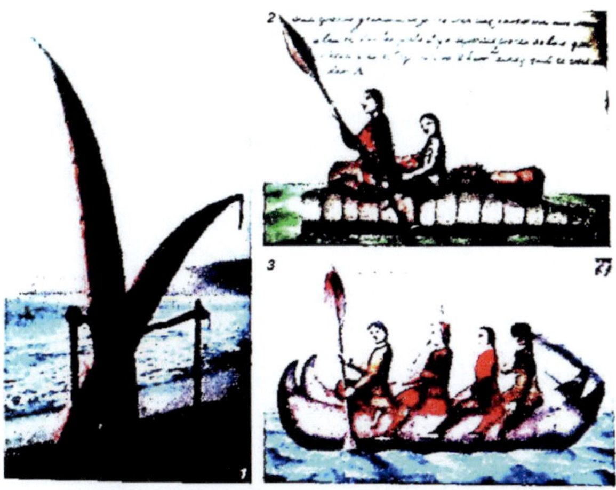

4. LES OCCUPANTS DE LA QUEBRADA DE LOS BURROS naviguaient et chassaient probablement depuis des embarcations. Celles-ci étaient peut-être en bottes de joncs liées, analogues à celles encore utilisées de nos jours par les pêcheurs au Pérou (1 et 2), ou en peaux d'otaries cousues et gonflées, comme celles observées, au XVIIIe siècle, au large de la côte Nord du Chili (3).

PLS 289

Les massacres étaient fréquents : enfants, invalides, vieillards *LR504.*
On utilisait de la cire d'abeille en Afrique du nord *LR 507*
Utilisation de cuivre sur les pointes des flèches amérindiennes Wisconsin *LR891*

-6 000 : En Europe, c'est l' âge de la pierre, les chasseurs-cueilleurs tous nomades existent encore par petits clans, … Ils sont grands, peaux et cheveux bruns, yeux bleus, et utilisent des outils de silex. La peau va commencer à s'éclaircir.

Les paysans sont venus du M-O en traversant le Bosphore et en suivant le Danube ou la côte méditerranéenne. *PLS516*

-5 800 : Les paysans sont arrivés jusqu'en France, Espagne.

-5 600 : 100 sarcophages découverts à *Saqqarah* ; des chameaux gravés au Camel Site en Arabie Saoudite

- 5 500 : Des paysans sont dans les *Carpates*. Les preuves d'activités pastorales sont nombreuses au Sahara. Dans la vallée du Nil on trouve des restes de cultures. En France un fort brassage génétique s'est accompli à partir des peuples venus du Moyen Orient-Anatolie.

-5 200 : Des mégalithes de *Waun Mawn* sont déplacés à *Stonehenge* 300 ans plus tard. *PLS522*

- 5 000 : Les deux courants, Danube- Méditerranée, de paysans se rencontrent à *Auxerre* et sur le Rhin.

Avec le courant Danube, il n'y a pas de métissage cueilleur-chasseurs et agriculteurs-éleveurs, mais des échanges culturels profitables ; les défunts sont enterrés recroquevillés.

Avec le courant Méditerranée il y a métissage, 66% du génome est chasseur-cueilleur ; les défunts sont enterrés sur le dos comme eux. *PLS 516*

L'agriculture arrive en Europe par des hommes du Moyen Orient. L'olivier vivait dans la forêt méditerranéenne depuis le Paléolithique. L'olivier a été domestiqué il y a plus de 5000 ans ; il existe encore des oliviers sauvages.

L'Europe est alors celle des petits paysans. La première société européenne hiérarchisée se développe dans la plaine bulgare. L'étude du cimetière, la nécropole de *Varna* près de la Mer Noire, révèle l'existence d'une élite sociale qui contrôlait de vastes réseaux d'échange. Une tombe contient un sceptre, des céramiques décorées au graphite, des bijoux et le premier or humain, des boutons en or de vêtement. *PLS325,*

Invention de la roue.

Des peuples d'éleveurs nomades, les Yamnayas, venus du nord de la mer Noire utilisent des chariots à rues tirés par des bœufs. Ils iront jusqu'en Angleterre. Ils auraient amenés le bacille de la peste.

On a repéré la présence de traces d'implantations de poteaux, de restes de cabanes à *Marseille Saint Charles PLS 338,* et de peintures préhistoriques au *Levant* espagnol *LR486*
Les pétroglyphes de *Bir Hima* en Égypte représentent des danses, des formes anthropomorphes.
Gonur Dépé, Ulug Dépé sont des Villages en briques crues au Turkménistan (civilisation de l'Oxus surtout après *-2300*) Société sédentaire d'agriculteurs (irrigation) et d'éleveurs : bovidés, ovins, équidés, dromadaires… D'abord inhumation des morts des tombes dont certaines raffinées , puis vers *-1000 Zoroastrisme* avec dépouilles à l'air libre et commerce de l'étain qui aurait amorcer le déclin *SV 898*

-4 500 :   Le mégalithisme est apparu au nord-ouest de la France et s'est répandu par voie maritime sur les côtes atlantique et méditerranéenne *PLS 498.* Apparition des tumulus avec plusieurs chambres funéraires et d'organisations défensives. Des agglomérations pouvaient avoir plusieurs milliers d'habitants *PLS 516*

Des populations sont sédentarisées en Mésopotamie, le pays d'entre les fleuves Euphrate et Tigre.

- 4 000 : C'est l'époque de la culture *Madari-Bouto* au Nord de la vallée du Nil, et de la culture *Badari* au Sud. Les Madari sont tous agriculteurs éleveurs en relations avec les Cananéens. Les nécropoles sont séparées des habitats et sont très simples. Les *Badari_Nagada*, eux, construisent des fosses de stockage de céréales ; leurs nécropoles révèlent de fortes inégalités sociales, certaines accompagnées de bijoux, poteries, parures. Le livre des morts ou livre pour sortir au jour ou textes des sarcophages ou livre des deux chemins ou livre des quatre vents…date de cette époque

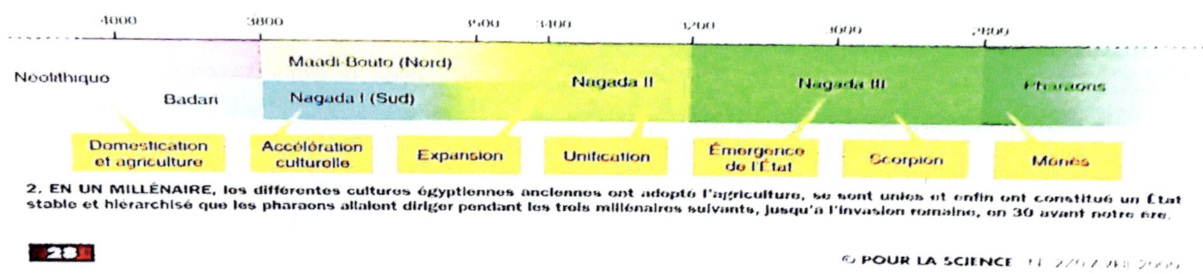

2. EN UN MILLÉNAIRE, les différentes cultures égyptiennes anciennes ont adopté l'agriculture, se sont unies et enfin ont constitué un État stable et hiérarchisé que les pharaons allaient diriger pendant les trois millénaires suivants, jusqu'à l'invasion romaine, en 30 avant notre ère.

-4 000 :   Le lac Tchad était aussi grand que la mer Caspienne et profond de 160 m *PLS 344*

En Ukraine, les protovilles *Dobrpvody, Talianki, Maydanets,..* pouvaient avoir 2 000 habitants. Elles ont été planifiées en plusieurs quartiers et entourées d'une enceinte et d'un fossé. Les habitations peuvent avoir deux niveaux. Après 10 générations elles ont été abandonnées vers   -3 600 (arrivée des Yamnayas ?).

Au nord du Cameroun le fonds génétique de *Bantous* est une des 4 lignées HS. *PLS 509*

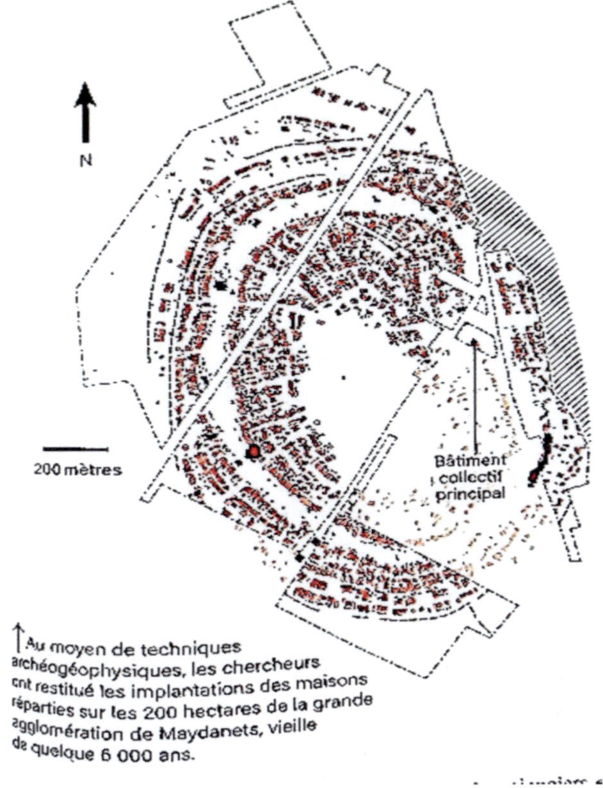

-4 000 à -2 000 ans : En Europe occidentale cueilleurs- chasseurs et éleveurs- agriculteurs coexistaient.

Mais il y avait généralement une hiérarchisation dominante des éleveurs-agriculteurs dans certaines sépultures, des discriminations et même des sacrifices humains ? Il y a eu accroissement de la violence pls516

3 800 :   Culture du maïs, du haricot rouge du coton dans *les Andes* (Équateur) par la civilisation *Valdivia*; des structures socio-économiques politiques et rituelles sont en place.

LA CULTURE VALDIVIA, qui a prospéré en Équateur pendant les quatrième, troisième et deuxième millénaires avant notre ère, est la première des Andes équatoriales qui ait adopté l'agriculture, inventé la céramique, façonné des objets d'art, telles ces représentations féminines modelées dans l'argile et cuites (qui mesurent environ dix centimètres de hauteur en haut), et des récipients à décor anthropomorphe (en bas).

-3 800 à -2 800 ans : Développement de la culture *Nagada* d'abord au sud, ensuite (-3 400) sur toute la vallée du Nil. Les traces d'habitats et de silos se font nombreuses ; les poteries, bols, plats sont finement décorés avec des motifs géométriques et des représentations d'animaux et de figures humaines. Une aristocratie est en train de percer.

-3 700 : Adam et Ève ? Un début de nouvelle civilisation au Moyen Orient ? Prise de conscience du concept *temps* ?

-3 500 : Au nord de *Lima* (Pérou) des vestiges de vie, de constructions à l'intérieur du pays sont constatés PLS328.

Les Scythes passent à l'élevage ; ils creusent des tombes (les kourganes). Domestication du cheval en Asie centrale.PLS489

Domestication du cheval en Asie centrale. PLS 476

En France il y a brassage de gènes avec ceux d'un groupe issu de la steppe eurasienne, les *Yamnayas* ; c'est ainsi que sont nés les ancêtres des Gaulois.

Le Sahara s'assèche.

-3300 : Écriture protocunéiforme de Mésopotamie ; développement de l'écriture cunéiforme de *Sumer, Akkadie* PLS486.   Culture du cacao en Equateur et Amazonie PLS560

-3 200 : Naissance de la civilisation égyptienne ; découverte de signes d'écriture hiéroglyphe à *Abydos* avec les noms de rois (-3200 -3000 ; Scorpion 1ier, Iri-Hor, Ka, Narmer-Menes ;-3000 -2890 : Menes, Teti, Djer, Ouadji,Den, Meret-Neith, Aneddjib, Semechet, Qa ; -2890 -2660 2 ième dynastie: Hetepsechemui, Nebré, Ninertjer, Ouneg, Senedj, Péribsen, Sekhemib, Khasekhemoui). PLS 562

Dans la vallée du Nil, cernée par des déserts et en Mésopotamie, il y a émergence des premiers états, ou villes-états.

-3 100 : *Otzi* est l'homme des neiges retrouvé dans les Alpes italiennes à 3 200 m d'altitude avec tout un ensemble d'objets : un habit, un pantalon, des chausses, des flèches, un étui. *PLS 308,328*

-3 000 : La civilisation de *Harappa* dans l'Indus se développe ; étendue, très riche et organisée, elle fabrique des bracelets de perles, des textiles et pratique la pêche et le commerce à grande échelle.

Premier monument de *Stonehenge* en Angleterre. Les mégalithes de grès viennent d'une forêt à 25 km de là. Le site a une acoustique étonnante. A-t-il un rôle astronomique ? Y avait-il processions entre sites ?

Des langues aborigènes (300 de la famille *Pama-Nyungan*) se répandent très vite et occupent 90% de l'Australie.

-2 700 :   Memphis est la capitale de l'Égypte.

Des inscriptions en élamite linéaire ont été gravées sur ce galet, attribué au souverain Puzur-Shushinak (2150-2100 avant J.-C.), et sur ce vase « gunagi » (1900-1880 avant J.-C.) mis au jour à Suse (Iran).

-3 000 à -2 000 : Le Sahara est à nouveau humide avant de devenir aride jusqu'à nos jours. Les premières peintures rupestres du *Tassili n'Ajjer* (sud algérien) représentant des girafes, éléphants, antilopes et autre faune dans un environnement verdoyant seraient de cette époque. Dans la forêt équatoriale africaine où les techniques d'agriculture s'étendaient il y avait une grande diversité génétique d'HS (4 lignées différentes : *Aka, Mbo, Bangwa et Bantou)* et non un seul peuple fondateur Bantous. *LR557*

Le néolithique touche la Crète, le Maghreb, le sud de la France, le sud de l'Europe et de l'Asie

Invention de la balance

-2 600 -1500: Première écriture de la Bible ?

Petite BiBlio :

F Bon : Sapiens à l'œil nu- CNRS 2019

A Balzeau P Bailly : Homo Sapiens -Le Lombard 2019

 N Teyssandier, S Thiébault :   Pré-histoires La conquête des territoires -CNRS 2018

S Condemi :   Dernières nouvelles de Sapiens

T Pievani V Zetoun : La grande odyssée de l'évolution de l'Homme 2020 Glénat

Y Noah Harari : Sapiens une brève histoire de l'humanité 2012 ;

A Lehoërff : Le Néolithique Que sais-je 2020

Qui sommes-nous, que sommes-nous ? Sommes-nous seuls ?

Nous sommes le résultat d'une longue, bien longue histoire de 4,5 G.a qui n'existerait pas sans l'apparition du Soleil, de la Terre, de la Vie, c'est-à-dire avant tout, qui n'existerait pas sans la poussière d'étoiles, sans les atomes créés par le Soleil, sans les éléments du tableau de Mendeleïev, des éléments neutres mais énergétiques, qui, chacun d'eux est plus petit que le nanomètre composé d'éléments encore plus fondamentaux et plus petits !

Ces atomes et molécules élémentaires se sont associées par un bout ou un autre suivant les conditions environnementales de notre Terre pour former des molécules de plus en plus complexes, de plus en plus diverses. Cela a été possible grâce à l'évolution de notre planète qui a connu de longues péripéties de création et répartition de continents, *Colombus, Rodiana, Gondwana, Laurasie, Pangée...* et d'ères glaciaires suivies de réchauffements, de changements de polarité de notre champ magnétique. La chimie a œuvré dans le fignolage et a fini par créer des éléments très complexes mais encore amorphes, certaines comme des rubans d'hélices enchevêtrées, l'ARN ou l'ADN ou d'autres comme des virus. Et c'est la complexité des échanges et associations de ces corps qui ont, en un milliard d'années, 1 G.a !, permis la vie sous la forme des bactéries, des archées et des eucaryotes. L'ère de la Chimie se prolongeait par l'ère de la Biologie avec des cellules vivantes cette fois inférieures au micron

Il a alors fallu du temps, beaucoup de temps encore, des associations ratées, des tentatives hasardeuses d'échanges d'éléments constitutifs de ces cellules pour reconnaitre un semblant de plante ou d'animal à partir des eucaryotes. Les bactéries ou les archées, même si elles se sont multipliées, diversifiées, n'ont pas donné des structures aussi complexes et unitaires qu'un arbre, un singe ou un coquelicot ; pourquoi ? Au contraire elles se sont disséminées dans les corps descendant des eucaryotes et les ont diversifiés, les ont fait évoluer. Des premières plantes et premiers animaux aquatiques, de quelques millimètres à quelques centimètres, dont il reste des témoins comme les éponges, coraux ou algues, on est passé peu à peu, il y a 2 G.a, sur la terre ferme ou dans l'air. Les plantes ont profité de l'aide des champignons. Les animaux, d'abord marins, ont acquis ossature, tube digestif, procréation sexuée, vision... membres inférieurs puis supérieurs... : ainsi les tétrapodes, les 4 pattes, sont apparus sortis de l'eau sous forme de reptiles il y a moins de 400 M.a.

Les insectes ont inventé les ailes, les nymphes, la pollinisation. L'organe main est apparu, la naissance amniotique de certains vertébrés s'est faite jour. Les amniotes alors se développent, crocodiles, mammifères qui apparaissent, d'abord tout petit, herbivores et carnivores, pour donner les dinosaures à l'origine des oiseaux pendant que des lézards vont donner les serpents. De nombreuses familles, genres, espèces qui sont apparus disparaissent : il en est ainsi des dinosaures dont certains sont immenses et des ptérosaures volants. D'autres tétrapodes retournent à l'eau pour être à l'origine des baleines. Et, parmi les mammifères, la famille des singes apparait il y a 20 M.a ; les singes, particulièrement ceux, bipèdes, qui se tiennent debout, vont se disperser sur Terre.

Commence alors la saga des humanoïdes et hominidés, il y a 7 M.a. Ce sont d'abord les Ardipithèques et Australopithèques qui peuplent l'Afrique, dont certains sont devenus célèbres ; Toumaï, Lucy, Little foot ! S'ils étaient velus, les hominidés avaient sous leurs poils la peau claire, et ils vont inventer des outils plus perfectionnés que les autres singes. De nombreux genres de cette famille se côtoyaient et se sont répandu, pour certains, en Asie, en Australie et enfin en Europe. Descendant direct de ces hominidés il y a 2 M.a, le genre homininé comprend tous les humains Homo tels les espèces Homo Erectus, Homo Habilis, …. Ces humains, en général petits, originaires d'Afrique vont relativement vite aller voir ailleurs en passant par le Moyen Orient ou Gibraltar. Ils sont tous cueilleurs-chasseurs, plutôt herbivores, mais se régalent de petits gibiers ou de carcasses car ils ne sont pas les rois de la savane ! Alors que certaines lignées s'éteignent, d'autres apparaissent en empruntant des gènes à différents ancêtres. Ils commencent à dominer le feu. Coexistant, Neandertal, Dénisovien et d'autres Homo… viennent suivis   par Sapiens il y a 300 000 ans environ. Tous ces humains avaient à peu près mêmes capacités, mêmes mœurs.

Mais Sapiens s'est distingué ! Héritier d'un brassage conséquent de tous ses ancêtres et Homininés contemporains il est devenu meilleur communicant, il a su agrandir son entourage, son savoir pour chasser en groupe et mieux cueillir, mieux utiliser le feu et les outils qu'il a perfectionnés ; il a su améliorer son habitat bien que restant longtemps semi nomade. Et, revers de la médaille, il a fini par rester seul de tous les Homininés ; son arrivée dans des zones nouvelles s'est aussi soldé par l'extinction d'une faune et d'une flore locales ! Mais il a, en même temps, apporté son savoir sur toute la Terre qu'il a parcourue sur tous les continents et il a propagé au néolithique l'agriculture, la métallurgie, les mythes animistes puis religieux et enfin l'écriture. Pour son, pour notre bien ?

Formé physiquement d'une manière complexe Homo Sapiens a acquis des capacités énormes par rapport aux autres êtres vivants : il est seul, apparemment, à reconnaître la complexité de la plus petite des cellules vivantes, ou celle d'une fleur ou d'un quelconque insecte, autant que celle, insondable, de notre gigantesque Univers. Seul aussi à comprendre sa finitude, sa vacuité, et sa puissance[7], il sait être constitué de particules à la fois évanescentes et éternelles de cet Univers, les mêmes qui ont donné naissance à tant d'autres compagnons animal ou végétal qui nous environnent : il n'est donc plus seul dans cette immensité.

Quelle est notre place dans le monde vivant ? Ce n'est pas l'écart infini des échelles de notre monde qui nous éblouit, mais plutôt la complexité existante, au sens : simplicité = simple pli, complexité = mise en commun des plis et replis par interactions entre des éléments qui paraissent si lointains et qui font émerger des unités cohérentes : un coquelicot, notre cerveau… Notre cerveau, structure composée de 200 G de cellules connectées chacunes à des dizaines de milliers d'autres, est capable de créer les réseaux cohérents de notre pensée, de notre mémoire et de notre conscience. Homo Sapiens, lui aussi, devrait être une de ces unités cohérentes, mais notre propre complexité nous le permet-elle ?

---

[7] En 2019 J Whale a « composé » un premier organoïde cérébral, un petit cerveau, avec activité électrique émise par des cultures cellulaires 3D ! *SV898*